计算机信息技术理论与大数据应用新探

王 波 李 斌 魏贵娟◎著

 中国商务出版社

·北京·

图书在版编目（CIP）数据

计算机信息技术理论与大数据应用新探 / 王波，李
斌，魏贵娟著. -- 北京：中国商务出版社，2023.7
ISBN 978-7-5103-4735-1

Ⅰ. ①计… Ⅱ. ①王… ②李… ③魏… Ⅲ. ①电子计
算机②数据处理 Ⅳ. ①TP3②TP274

中国国家版本馆 CIP 数据核字 (2023) 第 137209 号

计算机信息技术理论与大数据应用新探

JISUANJI XINXI JISHU LILUN YU DASHUJU YINGYONG XINTAN

王波 李斌 魏贵娟 著

出　　　版：中国商务出版社

地　　　址：北京市东城区安外东后巷28号　　邮　编：100710

责任部门：教育事业部（010-64283818）

责任编辑：刘姝辰

直销客服：010-64283818

总 发 行：中国商务出版社发行部　（010-64208388　64515150 ）

网购零售：中国商务出版社淘宝店　（010-64286917）

网　　　址：http://www.cctpress.com

网　　　店：https://shop595663922.taobao.com

邮　　　箱：347675974@qq.com

印　　　刷：北京四海锦诚印刷技术有限公司

开　　　本：787毫米×1092毫米　1/16

印　　　张：11　　　　　　　　　　　　字　数：227千字

版　　　次：2024年4月第1版　　　　　　印　次：2024年4月第1次印刷

书　　　号：ISBN 978-7-5103-4735-1

定　　　价：69.00元

前　言

我国早在 21 世纪初期就已经实现了民用计算机的普及与推广，在短短十几年的发展时间里，我国民用计算机的使用范围和使用数量都出现了爆炸式的增长。计算机最初传入我国时的应用范围比较窄，但是伴随着互联网技术的飞速发展，现代人的生活需求已经基本上可以通过计算机技术来满足。

计算机在各个领域的广泛应用不仅提高了人们的生活质量，为人们带来了各种便利，还在人们的生产和日常工作中发挥着极其重要的作用，大大提高了生产和工作效率。伴随着计算机技术一同出现的还有大数据技术、云计算技术等，这些技术的出现进一步促进了我国经济发展，极大地提升了我国在世界舞台上的竞争力。计算机技术的应用和发展，计算机技术与其他领域的技术相结合并进行技术上的创新，为人们提供了各种高科技的信息技术，推动了社会经济的发展和科学技术的进步。

在此背景下，有感于计算机信息技术和大数据技术的重要性以及社会各界对大数据技术应用的极高关注度，笔者结合自身的科研经验和教学实践，对计算机信息技术和大数据技术进行了相关研究。本书围绕计算机信息技术与大数据应用展开研究，首先论述计算机的发展历程与类型划分，计算机技术及其工作原理，计算机信息的表示、检索与判别；其次探讨计算机硬件系统及软件系统、计算机网络技术和 Internet 应用、大数据及其关键技术；最后研究大数据技术的应用领域、大数据技术的创新应用实践。本书创新性强，观点新颖，由浅入深地分析计算机信息技术与大数据技术及其应用，对研究计算机信息技术与大数据应用的工作者具有参考价值。通过本书的学习，读者可以为以后在专业学习中应用计算机打下良好的基础，为在信息社会中提高自己的竞争力赢得先机。

本书在写作过程中参考了大量相关同类书籍，并且得到了学校领导、老师的大力协助，也得到了出版社编辑的帮助，在此一并表示衷心的感谢。限于时间及学识，本书难免有疏漏及不妥之处，恳请广大读者批评指正。随着科学技术的不断发展及设备的不断更新，计算机信息技术也日益进步。本书旨在抛砖引玉，希望计算机信息技术在不断的探索中继续向前发展。

作　者
2022 年 11 月

目　录

第一章 计算机信息技术导论

计算机（computer）是人类 20 世纪的伟大发明之一。从 1946 年第一台通用电子计算机 ENIAC 问世以来，随着计算机科学技术的飞速发展与计算机的普及，如今计算机已经深入人类社会的各个领域，如计算机在国防、农业、工业、教育、医疗等各个行业发挥着不可替代的作用。计算机已经融入人们的日常生活、工作、学习和娱乐中，成为不可或缺的工具。计算机和伴随它而来的计算机文化强烈地改变着人们的工作、学习和生活面貌。掌握计算机的相关知识并熟练地用于办公，已经成为必不可少的基本技能。

第一节　计算机的发展历程与类型划分

一、计算机的概念与分类

计算机俗称电脑，是一种用于高速计算的电子计算机器，可以进行数值计算，又可以进行逻辑计算，还具有存储记忆功能。它是能够按照程序运行，自动高速处理海量数据的现代化智能电子设备。

1946 年，美国宾夕法尼亚大学研制出第一台真正的电子数字计算机（Electronic Numerical Integrator and Computer，ENIAC），电子数字计算机是 20 世纪最重大的发明之一，是人类科技发展史上的一个里程碑。经过 70 多年的发展，计算机技术有了飞速的进步，应用日益广泛，已应用到社会的各个领域和行业，成为人们工作和生活中所使用的重要工具，极大地影响着人们的工作和生活。同时，计算机技术的发展水平已成为衡量一个国家信息化水平的重要标志。

（一）计算机的定义

计算机在诞生初期主要是用来进行科学计算的，所以被称为"计算机"，它是一种自动化计算工具。但目前计算机的应用已远远超出了"计算",它可以处理数字、文本、图形图像,声音、视频等各种形式的数据。"计算机"这个术语是1940年世界上第一台电子计算装置诞生之后才开始使用的。

实际上,计算机是一种能够按照事先存储的程序,自动、高速地对数据进行处理和存储的系统。一个完整的计算机系统包括硬件和软件两大部分:硬件是由各种机械、电子等器件组成的物理实体,包括运算器、存储器、控制器、输入设备和输出设备等五个基本组成部分;软件由程序及有关文档组成,包括系统软件和应用软件。

(二) 计算机的分类

计算机分类的依据有很多,不同的分类依据有不同的分类结果。常见的分类方法有以下五种。

第一,按规模分类。计算机按其运算速度快慢、存储数据量大小、功能强弱,以及软硬件配套规模等不同,分为巨型计算机、小巨型计算机、大型计算机、小型计算机、工作站与微型计算机等。

1. 巨型计算机

巨型计算机是目前功能最强、速度最快、价格最贵的计算机,一般被用于解决诸如气象、太空、能源、医药等尖端科学和战略武器研制中的复杂计算。世界上只有少数的几个国家能生产这类计算机,如美国克雷公司生产的"Cray-1""Cray-2"和"Cray-3",我国自主生产的"银河-Ⅲ""曙光-2000"和"神威"等。巨型计算机的研制和开发往往是一个国家综合国力的重要体现。

2. 小巨型计算机

小巨型计算机也称为桌面型超级计算机,是一种小型超级计算机。小巨型计算机可以使巨型计算机缩小成个人机的大小,或者使个人机具有超级计算机的性能。由于小巨型计算机相对于巨型计算机来说价格便宜,因此发展非常迅速。例如,美国Conver公司的C系列、Alliant公司的FX系列就是比较成功的小巨型计算机。

3. 大型计算机

这类计算机也有很高的运算速度和很大的储存容量,并允许相当多的用户同时使用,但在功能没有巨型计算机强,速度也没有巨型计算机快,但价格比巨型计算机低。这类计算机一般都有完整的系列,如IBM公司的4300系列和900系列。大型计算机通常用于大型数据库管理或进行复杂的科学运算,也可用作大型计算机网络中的主机。

4. 小型计算机

小型计算机的规模比大型计算机小，但仍能支持十几个用户同时使用。这类计算机价格便宜，适用于中小型企事业单位，如 DEC 公司生产的 VAX 系列、IBM 公司生产的 AS/400 系列都是典型的小型计算机。

5. 工作站

工作站比微型计算机有更大的储存容量和更快的运算速度。它通常被应用于图像处理和计算机辅助设计等领域。

6. 微型计算机

微型计算机又称微机，是当今使用最普及、产量最大的一类计算机，具有体积小、功耗和成本低、灵活性大、性价比高等特点。

第一，按结构和性能不同，微型计算机可分为以下三种类型：

（1）单片机：将微处理器、一定容量的存储器，以及输入输出接口电路等集成在一个芯片上，就构成了单片机。可见单片机仅是一片具有计算机功能的特殊的集成电路芯片。单片机体积小、功耗低、使用方便，但存储容量较小，一般用作专用机或用来控制高级仪表、家用电器等。

（2）单板机：将微处理器、存储器、输入输出接口电路安装在一块印制电路板上，就成为单板机。一般在这块板上还有简易键盘、液晶和数码管显示器，以及外存储器接口等。单板机价格低廉且易于扩展，广泛用于工业控制、微型机教学和实验，或作为计算机控制网络的前端执行机。

（3）个人计算机：供单个用户使用的微型机一般称为个人计算机或 PC，是目前使用最多的一种微型计算机。PC 配置有一个紧凑的机箱、显示器、键盘、鼠标机，以及各种接口，可分为台式机、笔记本、一体机等。

第二，按用途分类，可以把计算机分为工业自动控制机和数据处理机等。

第三，按结构分类，可以把计算机分为单片机、单板机、多芯片机和多板机。

第四，按字长分类，可以把计算机分为 8 位机、16 位机、32 位机和 64 位机等。

第五，按处理信息的形式分类，可以把计算机分为数字计算机、模拟计算机和混合计算机，目前的计算机都是数字计算机。

（1）数字计算机：所处理数据都是以 0 和 1 表示的二进制数字，是不连续的离散数字，具有运算速度快、准确、存储量大等优点，因此适用于科学计算、信息处理、过程控制和人工智能等，具有最广泛的用途。

（2）模拟计算机：所处理的数据是连续的，称为模拟量。模拟量以电信号的幅值来模拟数值或某物理量的大小，如电压、电流、温度等都是模拟量。模拟计算机解题速度快，适用于解高阶微分方程，在模拟计算和控制系统中应用较多。

（3）混合计算机：集数字计算机和模拟计算机的优点于一身。

二、计算机的特点与性能指标

（一）计算机的特点

计算机的主要工作特点表现在以下几个方面：

1. 运算速度快

运算速度是计算机的一个重要性能指标。计算机的运算速度通常用每秒钟执行定点加法的次数或平均每秒钟执行指令的条数来衡量。运算速度快是计算机的一个突出特点。计算机的运算速度已由早期的每秒几千次发展到现在的最高可达每秒万亿次甚至更高。

2. 计算精度高

在科学研究和工程设计中，对计算的结果精度有很高的要求。一般的计算工具只能达到几位有效数字（如过去常用的《四位数学用表》《八位数学用表》等），而计算机对数据的结果精度可达十几位、几十位有效数字，根据需要甚至可达任意的精度。

3. 存储量大

计算机的存储器可以存储大量数据，这使得计算机具有"记忆"功能。目前计算机的存储容量越来越大，已高达千兆数量级的容量。计算机具有"记忆"功能，这是计算机与传统计算工具的一个重要区别。

4. 具有逻辑判断功能

计算机的运算器除了能够完成基本的算术运算外，还具有进行比较、判断等逻辑运算的功能。这种能力是计算机处理逻辑推理问题的前提。

5. 自动化程度高，通用性强

由于计算机的工作方式是将程序和数据先存放在机内，工作时按程序规定的操作，一步一步地自动完成，一般无须人工干预，因而自动化程度高。这一特点是一般计算工具所不具备的。计算机通用性的特点表现在几乎能求解自然科学和社会科学中一切类型的问题，能广泛应用于各个领域。

（二）计算机的主要性能指标

评价计算机性能是一个复杂的问题，早期只限于字长、运算速度和存储容量三大指标。目前要考虑的因素有如下几个方面：

1. 主频

主频很大程度上决定了计算机的运行速度，其单位是兆赫兹（MHz）。例如 Intel 8086/8088 的主频为 4.77 MHz，而 Pentium IV 的主频可达 3GHz 甚至以上。

2. 字长

字长决定了计算机的运算精度、指令字长度、存储单元长度等，可以是 8 位、16 位、32 位、64 位、128 位（bit）。

3. 运算速度

早期，衡量计算机运算速度的方法是每秒执行加法指令的次数，现在通常采用等效速度法。等效速度由各种指令平均执行时间以及对应的指令运行比例计算得出，即用加权平均法求得。它的单位是每秒百万指令（MIPS）。另外，还有利用所谓"标准程序"在不同的机器上运行所得到的实测速度。

4. 存储容量

以字为单位的计算机常以字数乘以字长来表明存储容量，以字节（1 Byte = 8 bit）为单位的计算机则常以字节数表示存储容量。习惯上常将 1024 B 简称为 1 k（千），1024 k 简称为 1 M（兆），1024M 简称为 1 G（吉），1024G 简称为 1T（太），1024T 简称为 1P（皮）。

5. 可靠性

系统是否运行稳定非常重要，常用平均故障间隔时间（MTBF）衡量，MTBF 值越大越可靠。平均故障间隔时间是指两次故障之间能正常工作时间的平均值，假设 λ 表示单位时间内失效的元件数与元件总数的比例，即失效率，则 $MTBF = 1/\lambda$。例如，$\lambda = 0.02\%/h$，则 $MTBF = 1/\lambda = 5000h$。

6. 兼容性

兼容性是一个广泛的概念，是指设备或程序可以用于多种系统的性能。兼容使得机器的资源得以继承和发展，有利于计算机的推广和普及。除此之外，评价计算机时还会看它的性价比、系统的可扩展性、系统对环境的要求、耗电量的大小等。

三、计算机的发展历程

（一）计算机发展史上有突出贡献的科学家

1. 巴贝奇

1834 年，他设计出的机械方式的分析机是现代计算机的雏形。

2. 美国科学家霍华德·艾肯

他在 IBM 的资助下，用机电方式实现了巴贝奇的分析机。

3. 英国科学家艾兰·图灵

他是计算机科学奠基人，他建立了图灵机（Turing Machine，TM）和图灵测试，阐述了机器智能的概念，是现代计算机可计算性理论的基础。为了纪念图灵对计算机发展的贡献，美国计算机学会（ACM）1966 年创立了"图灵奖"，被称为计算机界的诺贝尔奖，用于奖励在计算机科学领域有突出贡献的研究人员。

4. 匈牙利数学家冯·诺依曼

他与同事研制出第二台电子计算机 EDVAC（Electronic Discrete Variable Automatic Computer，离散变量自动电子计算机），它所采用的"程序存储"概念在目前的计算机中依然沿用，都被称为"冯·诺依曼"计算机。因此，他也被称为计算机之父。[①]

（二）计算机的发展

1946 年 2 月，美国宾夕法尼亚大学研制出第一台真正的计算机 ENIAC。这个重 30t，占地 170m^2，使用 18000 多个电子管、5000 多个继电器、电容器、每小时耗电 150kW 的庞然大物拉开了人类科技革命的帷幕，每秒计算能力为 5000 次加减运算。

1. 以物理器件划分

到目前为止，计算机的发展根据所采用的物理器件，一般分为下列四个发展阶段：

（1）电子管计算机时代（1946—1958 年）

其基本特征是采用电子管作为计算机的逻辑元件，用机器语言或汇编语言编写程序，运算速度达到每秒几千次加减运算，内存容量仅几 kB，主要用于军事计算和科学研究。代表机型有 IBM650（小型机）和 IBM709（大型机）。

（2）晶体管计算机时代（1958—1964 年）

其基本特征是采用晶体管作为逻辑元件，可用的编程语言包括 FORTRAN、COBOL、ALGOL 等高级语言，运算速度达到每秒几十万次，内存采用了铁淦氧磁性材料，容量扩大到几十 kB。除了科学计算外，还可用于数据处理和事务处理。代表机型有 IBM7090 和 CDC7600。

（3）小规模、中规模集成电路计算机时代（1964—1971 年）

---

① 韩玉民，车战斌. 计算机技术概论［M］. 郑州：河南科学技术出版社，2008.

其基本特征是采用小规模集成电路（small-scale integration，SSI）和中规模集成电路（middle-scale integration，MSI）作为逻辑元件，体积进一步减小，运算速度每秒达到几十万次甚至几百万次；软件发展也日臻完善，特别是操作系统和高级编程语言的发展。这一时期，计算机开始向标准化、多样化、通用化系列发展，广泛应用到各个领域。代表机型有 IBM360。

（4）大规模、超大规模集成电路计算机时代（1971 年至今）

在本阶段，大规模集成电路（Large-Scale Integration，LSI）和超大规模集成电路（Very Large Scale Integration，VLSI）技术飞速发展，在硅半导体上集成了大量的电子元器件，运算速度可以达到每秒几十万亿次。IBM 研制的"蓝色基因/L"超级计算机系统是目前世界上运算速度最快的电子计算机，达到每秒 136.8 万亿次浮点运算。同时，软件生产的工程化程度不断提高，操作系统不断完善，应用软件已成为现代工业的一部分。

表 1-1 计算机发展

发展阶段	逻辑元件	主存储器	运算速度/ $(次 \cdot g^{-1})$	特点	软件	应用
第一代（1946—1958）	电子管	电子射线管	几千到几万	体积大，耗电多，速度低成，本高	机器语言、汇编语言	军事研究、科学计算
第二代（1958—1964）	晶体管	磁芯	几十万	体积小，速度快，功耗低，性能稳定	监控程序、高级语言	数据处理、事务处理
第三代（1964—1971）	中小规模集成电路	半导体	几十万到几百万	体积更小，价格更低，可靠性更高，计算速度更快	操作系统、编辑系统、应用程序	开始广泛应用
第四代（1971 至今）	大规模、超大规模集成电路	集成度更高的半导体	上千万到上亿	性能大幅度提高，价格大幅度降低	操作系统完善、数据库系统、高级语言发展、应用程序发展	渗入社会各级领域

2. 按计算机更新迭代划分

（1）第一代计算机

第二次世界大战期间，美国和德国都需要精密的计算工具来计算弹道和破解电报，美军当时要求实验室为陆军炮弹部队提供火力表，千万不要小看区区的火力表，每张火力表都要计算几百条弹道，每条弹道的数学模型都是非常复杂的非线性方程组，只能求出近似值，但即使是求近似值也不是容易的事情。以当时的计算工具，即使雇用200多名计算员加班加点也需要2~3个月才能完成一张火力表。在战争期间，时间就是胜利，没有人能等这么久，按这种速度可能等计算结果出来战争都已经打完了。

第二次世界大战使美国军方产生了快速计算导弹弹道的需求，军方请求宾夕法尼亚大学的约翰·莫克利博士研制具有这种用途的机器。莫克利与研究生普雷斯泊埃克特一起用真空管建造了电子数字积分计算机（Electronic Numerical Integrator and Computer，ENIAC），这是人类第一台全自动电子计算机，它开辟了信息时代的新纪元，是人类第三次产业革命开始的标志。这台计算机从1946年2月开始投入使用，直到1955年10月最后切断电源，服役9年多。它包含了18 000多只电子管，70 000多个电阻，10 000多个电容，6 000多个开关，质量达30 t，占地170 m^2，耗电150 kW，运算速度为5 000/s次加减法。

ENIAC是第一台真正意义上的电子数字计算机。硬件方面的逻辑元件采用真空电子管，主存储器采用汞延迟线、阴极射线示波管静电存储器、磁鼓和磁芯，外存储器采用磁带，软件方面采用机器语言、汇编语言，应用领域以军事研究和科学计算为主。其特点是体积大，功耗高，可靠性差，速度慢（一般为每秒数千次），价格昂贵，但为以后的计算机发展奠定了基础。

ENIAC（美国）与同时代的Colossus（英国）、Z3（德国）被看成现代计算机时代的开端。

（2）第二代计算机

第一代电子管计算机存在很多毛病，例如：体积庞大，使用寿命短。就如上节所述的ENIAC包含了18 000个真空管，但凡有一个真空管烧坏了，机器就不能运行，必须人为地将烧坏的真空管找出来，制造、维护和使用都非常困难。

1947年，晶体管（也称"半导体"）由贝尔实验室的肖克利（William Bradford Shockley），巴丁（John Bardeen）和布拉顿（Walter Brattain）所发明，晶体管在大多数场合都可以完成真空管的功能，而且体积小，质量小，速度快，它很快就替代了真空管，成了电子设备的核心组件。最先使用晶体管技术的是早期的超级计算机，主要用于原子科学的大量数据处理，这些机器价格昂贵，生产数量极少。1954 年，贝尔实验室研制出世界上第一台全晶体管计算机 TRADIC，装有 800 只晶体管，功率仅 100 w，它成为第二代计算机的典型机器。其间的其他代表机型有 IBM7090 和 PDP-1（后来贝尔实验室的 Ken Thompson 在一台闲置的 PDP-7 主机上创造了 UNIX 操作系统）。

计算机中存储的程序使得计算机有很好的适应性，主要用于科学和工程计算，也可以更有效地用于商业用途。在这一时期出现了更高级的 COBOL 语言和 FORTRAN 语言等，以单词、语句和数学公式代替了含混晦涩的二进制机器码，使计算机编程更容易。新的职业（程序员、分析员和计算机系统专家）和整个软件产业由此诞生。

（3）第三代计算机

1958—1959 年，得州仪器与仙童公司研制出集成电路（Integrated Circuit，IC）。所谓 IC，就是采用一定的工艺技术把一个电路中所需的晶体管、二极管、电阻、电容和电感等元件及布线互连在一起，制作在一小块或几小块半导体晶片或介质基片上，然后封装在一个管壳内，这是一个巨大的进步。其基本特征是逻辑元件采用小规模集成电路 SSI（Small Scale Integration）和中规模集成电路 MSI（Middle Scale Integration）。集成电路的规模生产能力、可靠性，电路设计的模块化方法，确保了快速采用标准化集成电路代替设计使用的离散晶体管。第三代电子计算机的运算速度可达每秒几十万次到几百万次，存储器进一步发展，体积越来越小，价格越来越低，软件也越来越完善。

集成电路的发明，促使 IBM 决定召集 6 万多名员工，创建 5 座新工厂。1964 年 IBM 生产出了由混合集成电路制成的 IBM350 系统，这成为第三代计算机的重要里程碑。其典型机器是 IBM360。

由于当年计算机昂贵，IBM 360 售价为 200 万~250 万美元（约合现在的 2 000 万美元），只有政府、银行、航空公司和少数学校才能负担得起。为了让更多人用上计算机，麻省理工学院、贝尔实验室和通用电气公司共同研发出分时多任务操作系统 Multics（UNIX 的前身，绝大多数现代操作系统都深受 Multics 的影响，无论是直接的 Linux 操作系统、OS X 操作系统，还是间接的 Microsoft Windows 操作系统）。

（4）第四代计算机

1970 年以后，出现了采用大规模集成电路（Large Scale Intergrated Circuit，LSI）和超大规模集成电路（Very Large Scale Intergrated Circuit，VLSI）为主要电子器件制成的计算机，重要分支是以大规模、超大规模集成电路为基础发展起来的微处理器和微型计算机。

1971 年 1 月，Intel 的特德·霍夫（Teal Hoff）成功研制了第一枚能够实际工作的微处理器 4004，该处理器在面积约 12 mm^2 的芯片上集成了 2 250 个晶体管，运算能力足以超过 ENICA。Intel 于同年 11 月 15 日正式对外公布了这款处理器。主要存储器使用的是半导体存储器，可以进行每秒几百万到千亿次的运算，其特点是计算机体系架构有了较大的发展，并行处理、多机系统、计算机网络等进入使用阶段；软件系统工程化，理论化，程序设计实现部分自动化的能力。

同时期，来自《电子新闻》的记者唐·赫夫勒（Don Hoefler）依据半导体中的主要成分硅命名了当时的帕洛阿托地区，"硅谷"由此得名。

1972 年，原 CDC 公司的西蒙·克雷（S. Cray）博士独自创立了"克雷研究公司"，专注于巨型机领域。

1973 年 5 月，由施乐 PARC 研究中心的鲍伯·梅特卡夫（Bob Metcalfe）组建的世界上第一个个人计算机局域网络——ALTO ALOHA 网络开始正式运转，梅特卡夫将该网络改名为"以太网"。

1974 年 4 月，Intel 推出了自己的第一款 8 位微处理芯片 8080。

1974 年 12 月，电脑爱好者爱德华·罗伯茨（E. Roberts）发布了自己制作的装配有 8080 处理器的计算机"牛郎星"，这也是世界上第一台装配有微处理器的计算机，从此掀开了个人电脑的序幕。

1975 年，克雷完成了自己的第一个超级计算机"克雷一号"（CARY-1），实现了 1 亿次/s 的运算速度。该机占地不到 7 m^2，质量不超过 5t，共安装了约 35 万块集成电路。

1975 年 7 月，比尔·盖茨（B. Gates）在成功为"牛郎星"配上了 BASIC 语言之后从哈佛大学退学，与好友保罗·艾伦（Paul Allen）一同创办了微软公司，并为公司制定了奋斗目标："每一个家庭每一张桌上都有一部微型电脑运行着微软的程序！"

1976 年 4 月，斯蒂夫·沃兹尼亚克（Stephen Wozinak）和史蒂夫·乔布斯（Steve Jobs）共同创立了苹果公司，并推出了自己的第一款计算机：Apple-I。

1977 年 6 月，拉里·埃里森（Larry Ellison）与自己的好友鲍勃·米纳（Bob Miner）和爱德华·奥茨（Edward Oates）一起创立了甲骨文公司（Oracle Corporation）

1979 年 6 月，鲍伯·梅特卡夫（Bob Metcalfe）离开了 PARC，并同霍华德·查米（Howard Charney）、罗恩·克兰（Ron Crane）、格雷格·肖（Greg Shaw）和比尔·克劳斯（Bill Kraus）组成一个计算机通信和兼容性公司，这就是现在著名的 3Com 公司。

（5）第五代计算机

第五代计算机也称"智能计算机"，是将信息采集、存储、处理、通信同人工智能结合在一起的智能计算机系统。它能进行数值计算或处理一般的信息，主要能面向知识处理，具有形式化推理、联想、学习和解释的能力，能够帮助人们进行判断、决策、开拓未知领域和获得新的知识。人机之间可以直接通过自然语言（声音、文字）或图形图像交换信息。

第五代计算机是为适应未来社会信息化的要求而提出的，与前四代计算机有着本质的区别，是计算机发展史上的一次重大变革。

①基本结构。第五代计算机的基本结构通常由问题求解与推理、知识库管理和智能化人机接口三个基本子系统组成。

问题求解与推理子系统相当于传统计算机中的中央处理器。与该子系统打交道的程序语言称为核心语言，国际上都以逻辑型语言或函数型语言为基础进行这方面的研究，它是构成第五代计算机系统结构和各种超级软件的基础。

知识库管理子系统相当于传统计算机主存储器、虚拟存储器和文件系统的结合。与该子系统打交道的程序语言称为高级查询语言，用于知识的表达、存储、获取和更新等。这个子系统的通用知识库软件是第五代计算机系统基本软件的核心。通用知识库包含：日用词法、语法、语言字典和基本字库常识的一般知识库；用于描述系统本身技术规范的系统知识库；以及将某一应用领域，如超大规模集成电路设计的技术知识集中在一起的应用知识库。

智能化人机接口子系统是使人能通过说话、文字、图形和图像等与计算机对话，用人类习惯的各种可能方式交流信息。这里，自然语言是最高级的用户语言，它使非专业人员操作计算机，并为从中获取所需的知识信息提供可能。

②研究领域。当前第五代计算机的研究领域大体包括人工智能、系统结构、软件工程和支援设备，以及对社会的影响等。人工智能的应用将是未来信息处理的主流，因此，第五代计算机的发展，必将与人工智能、知识工程和专家系统等的研究紧密相连。

电子计算机的基本工作原理是先将程序存入存储器中，然后按照程序逐次进行运算。这种计算机是由美国物理学家冯·诺依曼首先提出理论和设计思想的，因此又称"诺依曼机器"。第五代计算机系统结构将突破传统的诺依曼机器的概念。这方面的研究课题应包括逻辑程序设计机、函数机、相关代数机、抽象数据型支援机、数据流机、关系数据库机、分布式数据库系统、分布式信息通信网络等。

（三）计算机的发展趋势

计算机作为人类最伟大的发明之一，其技术发展深刻地影响着人们的生产和生活。特别是随着处理器结构的微型化，计算机的应用从之前的国防军事领域开始向社会各个行业发展，如教育系统、商业领域、家庭生活等。计算机的应用在我国越来越普遍，改革开放以后，我国计算机用户的数量不断攀升，应用水平不断提高，特别是互联网、通信、多媒体等领域的应用取得了骄人的成绩。据统计，2019 年 1 月至 2019 年 11 月，全国电子计算机累计产量达到 32 277 万台，截至 2019 年 11 月中国移动互联网活跃用户高达 8.54 亿人，截至 2019 年 12 月我国网站数量为 497 万个。

计算机从出现至今，经历了机器语言、程序语言、简单操作系统和 Linux、Macos、BSD、Windows 等现代操作系统，运行速度也得到了极大的提升，第四代计算机的运算速度已经达到每秒上亿次。计算机也由原来的仅供军事科研使用发展到人人拥有。由于计算机强大的应用功能，从而产生了巨大的市场需要，未来计算机性能应向着巨型化、微型化、网络化、智能化、网格化和非冯·诺依曼式计算机等方向发展。

1. 巨型化

巨型化是指研制速度更快、存储量更大和功能更强大的巨型计算机。主要应用于天文、气象、地质和核技术，航天飞机和卫星轨道计算等尖端科学技术领域。研制巨型计算机的技术水平是衡量一个国家科学技术和工业发展水平的重要标志。

2. 微型化

微型化是指利用微电子技术和超大规模集成电路技术，将计算机的体积进一步缩小、价格进一步降低。计算机的微型化已成为计算机发展的重要方向，各种笔记本电脑和 PDA 的大量面世和使用，是计算机微型化的一个标志。

3. 多媒体化

多媒体化是对图像、声音的处理，是目前计算机普遍需要具有的基本功能。

4. 网络化

计算机网络化是通信技术与计算机技术相结合的产物。计算机网络化是将不同地点、不同计算机之间在网络软件的协调下共享资源。为适应网络上通信的要求，计算机对信息处理速度、存储量均有较高的要求，计算机的发展必须适应网络发展。

5. 智能化

计算机智能化是指使计算机具有模拟人的感觉和思维过程的能力。智能化的研究包括模拟识别、物形分析、自然语言的生成和理解、博弈、定理自动证明、自动程序设计、专家系统、学习系统和智能机器人等。目前，已研制出多种具有人的部分智能的机器人，可代替人在一些危险的岗位上工作。如今家庭智能化的机器人将是继 PC 机之后下一个家庭普及的信息化产品。

6. 网格化

网格技术可以更好地管理网上的资源，它将整个互联网虚拟成一个空前强大的一体化信息系统，犹如一台巨型机，在这个动态变化的网络环境中，实现计算资源、存储资源、数据资源、信息资源、知识资源、专家资源的全面共享，从而让用户从中享受可灵活控制的、智能的、协作式的信息服务，并获得前所未有的使用方便性和超强能力。

7. 非冯·诺依曼式计算机

随着计算机应用领域的不断扩大，采用存储方式进行工作的冯·诺依曼式计算机逐渐显露出局限性，从而出现了非冯·诺依曼式计算机的构想。在软件方面，非冯·诺依曼语言主要有 LISP，PROLOG 和 F. P. 而在硬件方面，提出了与人脑神经网络类似的新型超大规模集成电路——分子芯片。

基于集成电路的计算机短期内还不会退出历史舞台，而科学家们正在跃跃欲试地加紧研究一些新的计算机，这些计算机是能识别自然语言的计算机、高速超导计算机、纳米计算机，激光计算机、DNA 计算机、量子计算机、生物计算机、神经元计算机等。

（1）纳米计算机

纳米计算机是用纳米技术研发的新型高性能计算机。纳米管元件尺寸在几到几十纳米范围，质地坚固，有着极强的导电性，能代替硅芯片制造计算机。"纳米"是计量单位，$1\ nm = 10^{-9}m$，大约是氢原子直径的 10 倍。纳米技术是从 20 世纪 80 年代初迅速发展起来的科研前沿领域，最终目标是让人类按照自己的意志直接操纵单个原子，制造出具有特定功能的产品。纳米技术正从微电子机械系统起步，把传感器、电动机和各种处理器都放在一个硅芯片上而构成一个系统。应用纳米技术研制的计算机内存芯片，其体积只有数百个原子大小，相当于人的头发丝直径的 1/1 000。纳米计算机不仅几乎不需要耗费任何能源，而且其性能要比今天的计算机强许多倍。

（2）生物计算机

20 世纪 80 年代以来，生物工程学家对人脑、神经元和感受器的研究倾注了大量精力，以期研制出可以模拟人脑思维、低能耗、高效的生物计算机。用蛋白质制造的电脑芯片，存储量可达普通电脑的 10 亿倍。生物电脑元件的密度比大脑神经元的密度高 100 万倍，传递信息的速度也比人脑思维的速度快 100 万倍。

（3）神经元计算机

神经元计算机的特点是可以实现分布式联想记忆，并能在一定程度上模拟人和动物的学习方式。它是一种有知识、会学习、能推理的计算机，具有能理解自然语言、声音、文字和图像的能力，并且还能够用自然语言与人直接对话，它可以利用已有的和不断学习的知识进行思维、联想、推理并得出结论，能解决复杂问题，具有汇集、记忆、检索有关知识的能力。

在 IBM Think 2018 大会上，IBM 展示了号称是全球最小的电脑，需要显微镜才能看清，因为这部电脑比盐粒还要小很多，只有 $1mm^2$ 大小，而且这个微型电脑的成本只有 10 美分。麻雀虽小，也是五脏俱全。这是一个货真价实的电脑，里面有几十万个晶体管，搭载了 SRAM（静态随机存取存储器）芯片和光电探测器。这部电脑不同于人们常见的个人电脑，其运算能力只相当于 40 多年前的 X86 电脑。不过这个微型电脑也不是用于常见的领域，而是用在数据的监控、分析和通信上。实际上，这个微型电脑是用于区块链技术的，可以用作区块链应用的数据源，追踪商品的发货，预防偷窃和欺骗，还可以进行基本的人工智能操作。

第二节　计算机技术及其工作原理

一、计算机的工作原理

计算机原理由冯·诺依曼（John von Neumann）与莫尔小组于 1943 年—1946 年提出，冯·诺依曼被后人称为"计算机之父"。

（一）基本工作原理

1945 年，冯·诺依曼首先提出了"存储程序"的概念和二进制原理。后来人们把利用这种概念和原理设计而成的电子计算机称为冯·诺依曼结构计算机。经过几十年的发展，计算机的工作方式、应用领域、体积和价格等方面都与最初的计算机有了很大的区别，但不管如何发展，存储程序和二进制系统至今仍是计算机的基本工作原理。

将程序和数据事先存放在存储器中，使计算机在工作时能够自动、高效地从存储器中取出指令并加以执行，这就是存储程序的工作方式。存储程序的工作方式使得计算机变成了一种自动执行的机器，一旦将程序存入计算机并启动，计算机就可以自动工作，一条一条地执行指令。

计算机使用二进制的原因有以下两个：首先，二进制只有 0 和 1 两种状态，可以表示 0 和 1 两种状态的电子器件很多，如开关的接通和断开、晶体管的导通和截止、磁元件的正极和负极、电位电平的低与高等，因此使用二进制对电子器件来说具有实现的可行性，假如采用十进制，要制造具有 10 种稳定状态的物理电路，则是非常困难的；其次，二进制数的运算规则简单，使得计算机运算器的硬件结构大大简化，简单易行，同时也便于逻辑判断。

（二）冯·诺依曼体系结构

冯·诺依曼计算机由运算器、控制器、存储器、输入设备和输出设备五部分组成。

1. 运算器

运算器是对二进制数进行运算的部件。运算器在控制器的控制下执行程序中的指令，完成算术运算、逻辑运算、比较运算、位移运算以及字符运算等。其中算术运算包括加、减、乘、除等操作，逻辑运算包括与、或、非等操作。

运算器由算术逻辑单元（Arithmetic Logic Unit，ALU）、寄存器等组成。ALU 负责完成算术运算、逻辑运算等操作；寄存器用来暂时存储参与运算的操作数或中间结果，常用的寄存器有累加寄存器、暂存寄存器、标志寄存器和通用寄存器等。运算器的主要技术指标是运算速度，其单位是 MIPS（百万指令每秒）。

2. 控制器

控制器是整个计算机系统的控制中心，保证计算机能按照预先规定的目标和步骤进行操作和处理。它的主要功能就是依次从内存中取出指令，并对指令进行分析，然后根据指令的功能向有关部件发出控制命令，指挥计算机各部件协同工作，完成指令所规定的功能。

控制器和运算器合在一起被称为中央处理器（central processing unit，CPU）。CPU 是指令的解释和执行部件，计算机发出的所有动作都是由 CPU 控制的。

3. 存储器

存储器分为辅助存储器（外存储器）和主存储器（内存储器）两种，是用来存储数据和程序的部件。内存储器（内存）直接与 CPU 相连接，存储信息以二进制形式来表示。外存储器（外存）是内存的扩充，一般用来存放大量暂时不用的程序、数据和中间结果。

4. 输入设备

输入设备是向计算机输入数据和信息的设备，它是计算机与用户或其他设备之间通信的桥梁，用于输入程序、数据、操作命令、图形、图像，以及声音等信息。常用的输入设备有键盘、鼠标、扫描仪、光笔、数字化仪，以及语音输入装置等。

5. 输出设备

输出设备将计算机处理的结果转换为人们所能接受的形式，用于显示或打印程序、运算结果、文字、图形、图像等，也可以播放声音。常用的输出设备有显示器、打印机、绘图仪，以及声音播放装置等。

（三）计算机的工作过程

计算机的工作过程就是程序的执行过程，程序是一系列有序指令的集合，执行计算机程序就是执行指令的过程。

指令是能被计算机识别并执行的二进制代码，它规定了计算机能够完成的某一种操作。指令通常由操作码和操作数两个部分组成，操作码规定了该指令进行的操作种类，操作数给出了参加运算的数据及其所在的单元地址。

执行指令时，必须先将指令装入内存，CPU 负责从内存中按顺序取出指令，同时指令计数器（PC）加 "1"，并对指令进行分析、译码等操作，然后执行指令。当 CPU 执行完一条指令后再处理下一条指令，就这样周而复始地工作，直到程序完成。

二、计算机技术的发展研究

计算机是一个年轻的领域，也是一个爆发着无穷活力的领域，计算机技术的发展将极大地改变人们工作、消费、生活的习惯，推动和促进社会文明的进步与发展。计算机技术的发展已经成为国家综合国力竞争的重要组成部分，成为推动科技进步的重要力量。在此背景下，加强对计算机技术发展的研究有助于我们认识和了解计算机技术发展的历史与现状，从而更好地推动和促进计算机技术的发展。

（一）计算机技术发展历史回顾

1946 年 2 月 14 日，在美国的宾夕法尼亚大学诞生了人类历史上的第一台电子计算机，名字叫作肯尼亚克，这台计算机是为了导弹的弹道计算设计出来的。20 世纪 50 年代，由于计算机的成本高昂，计算机的主要服务对象是军事部门，包括导弹计算和与军事相关的空间计算等。随着计算机成本的逐步降低，到 20 世纪 60 年代和 80 年代后，计算机除应用于军用单位以外，很多政府部门和大型的科研机构，甚至一些比较有实力的企业部门也开始应用计算机进行管理。英特尔四位 CPU 微处理器的诞生推动了计算机的进一步发展和推广，1982 年诞生了首台个人计算机。个人计算机的发展使得整个计算机的成本快速下降，计算机也从一个只能用于军事部门和有实力的科研或企业部门，转入一般的小公司和家庭中。20世纪90年代开始，很多企业和家庭也使用了计算机。同时计算机向两极分化：一方面是往微、往小、往便宜发展进入家庭；另一个向高、向难、向大发展，仍然运用于军事、科学技术等领域。现在，计算机在互联网、公司、政府机关、家庭等领域得到广泛应用。回顾计算机的发展历史，我们不难发现，计算机技术是一个快速成长、更新和不断实现发展与突破的有生命力的新兴技术，其每次技术的更新都必然带来自身的发展与推广。

（二）计算机技术发展现状

1. 微处理器现状

微处理器的发展大幅度地提高了计算机的性能，体现在缩小处理器芯片内晶体管的尺寸和线宽上。缩小微处理器内晶体管尺寸和线宽的基本方法在于改进光刻技术，即使用更短波长的曝光光源，经掩膜曝光，把刻蚀在硅片上的晶体管做得更小，连接晶体管的导线做得更细来实现。目前使用的曝光光源主要是UV（紫外线）。有学者认为现在使用的UV光源对微处理器性能的进一步提高已无能为力，因为当线宽细到0.10LM或更细时，芯片进一步微型化将会遇到障碍，受到一些制约。第一是线条宽度的限制，条宽接近或小于光的波长时，刻技术将面临失败；第二，电子行为的限制；第三，量子效应的限制等等。这些成为微处理发展的新障碍。

2. 纳米电子技术

目前的电子元件对推动计算机技术的发展起到了积极的作用，但随着计算机技术的进一步发展和提升，目前的电子元器件已经不能满足计算机微型化、智能化、超高速化的要求，计算机的发展陷入了集成度和处理速度的双重制约。纳米电子技术很好地解决了这一问题。它有助于解决集成度和处理速度的双重制约。纳米电子技术是一种新的思维方式，不是单纯的尺寸减小。它将是未来计算机技术发展的一个重要方向和趋势。

（三）计算机技术发展趋势预测

计算机已经成为人们办公、生活的必需品，它对人们的生活与工作已经并将继续产生积极的影响和意义。计算机作为一门潜力巨大的技术，为了更好地满足人们的需要，未来将呈现微型化、智能化、高速化和多元化的发展趋势，纳米技术、计算机体系机构、网络技术、软件技术等将在未来的计算机技术发展中发挥更大的作用。

1. 纳米技术将得到广泛的发展和应用

纳米技术突破了计算机集成和处理速度的双重限制，将是未来计算机发展的一个重要方向。量子计算机的运算速度可达每秒 1 万亿次，储存容量可达到 1 万亿亿二进位。再如生物计算机，其集成度极高，存储量超大，处理速度比最快的电子计算机都要高出许多倍。因而纳米技术的进一步发展和应用，将是未来的一个重要方向。

2. 完善多功能的计算机体系结构

计算机的体系结构在不断的变化中，而各种不同系统结构的计算机都有其用武之地。一方面，并行计算成为目前计算机体系结构的一大潮流，对称式多处理器几乎出现在任何类型的巨型机、小型机和服务器中；另一方面，集群系统将成为大型系统的主流特性，无论是 UNIX 还是 Windows NT 的大型服务器，都将通过集群提供给客户高可靠性和高融合性。

3. 网络技术

网络技术在计算机世界扮演着越来越重要的角色。在一定程度上，网络技术已经成为计算机系统的中心，对计算机的普及和功能的延伸发挥着日益重要的影响，在主干网络技术方面，宽带、高速、可选服务已成为主要特性。各种各样的接入技术将在未来得到更快更好的发展，HDSL、ADSL、DSVD 和 HFC 等技术的发展有利于提高话音、图像与数据服务的质量。局域网技术中的交换式已逐步走向成熟，并在与 ATM 局域网的竞争中占有一定的优势。

4. 软件技术

与计算机硬件技术相比较，软件技术受各方面因素，尤其是市场因素的影响很大。在操作系统方面，MICROSOFT 的 WINDOWS 家族已成为工业台式 PC 的主流操作系统，并进一步向企业工程领域发展。数据库的功能日趋完善，但对数据类型的处理将摆脱只局限于数字、字符等，对多媒体信息的处理也将超越停留在简单的二进制代码文件的存储。程序语言是软件技术的重要组成部分，由于 Internet 的兴起，各种语言纷纷推出支持 Internet 的新版本。计算机协同工作技术也是目前软件技术发展的一个方向，它有利于地处分散的一个群体借助计算机网络技术，共同协作完成一项任务。

计算机技术是自我生存能力、自我发展能力极其强大的一门新技术，也是未来将对我们的生产、生活与工作产生极大影响的一门新技术。了解和总结计算机技术发展的历史、现状并对其未来发展进行预测，能够有助于我们进一步发展计算机技术和计算机产业，更好地让计算机技术服务于我们的生产和生活。

三、计算机技术的应用

（一）计算机的应用

目前，计算机应用已经深入社会的各个领域，具体体现在如下几个方面：

1. 科学计算

在科学技术和工程设计中，存在大量的各类数学计算的问题。其特点是数据量不是很大，但计算的工作量很大、很复杂，如解几百个线性联立方程组、大型矩阵计算、解高阶微分方程组等，用其他计算工具是难以解决的。

2. 数据处理

数据处理现在常用来泛指在计算机上加工那些非科技工程方面的计算、管理和操作任何形式的数据资料。数据处理应用领域十分广泛，如企业管理、飞机订票、银行业务、证券数据处理、会计电算化、办公自动化等。据统计，数据处理在所有计算机应用中所占比重最大。数据处理的特点是要处理的原始数据量很大，而运算比较简单，处理结果往往以表格或文件的形式存储或输出。

3. 过程控制

采用计算机对连续的工业过程进行控制，称为过程控制。在电力、冶金、石油化工、机械等工业部门采用过程控制，可以提高劳动效率，提高产品质量，降低生产成本，缩短生产周期。

4. 计算机辅助设计、制造和教育

计算机辅助设计（Computer Aided Design，CAD）使用计算机来帮助设计人员进行产品设计，在船舶、飞机、建筑工程、大规模集成电路、机械等方面都在广泛使用 CAD。计算机辅助制造（Computer Aided Manufacturing，CAM）帮助产品制造人员进行生产设备的管理、控制和操作，在电子、机械、造船、炼钢、航空、化工等领域广泛利用 CAM。计算机辅助教育（Computer Aided Instruction，CAI）是利用计算机程序把教学内容变成软件，以便让学生利用计算机开展学习，使教学内容多样化、形象化，获得更好的教学效果。

5. 人工智能

人工智能是计算机理论科学研究的一个重要领域，是利用计算机软硬件系统模拟人类某些智能行为（如感知、推理、学习、理解等）的理论和技术。其中，最具代表性的两个领域是专家系统和机器人。

6. 多媒体应用

多媒体技术融计算机、声音、文本、图像、动画、视频和通信等多种功能为一体，为人和计算机之间提供了传递自然信息的途径，已用于教育、训练、演示、咨询、管理、出版、办公自动化等多个方面。

7. 计算机网络与通信

随着计算机网络技术、通信技术的发展，计算机在网络与通信中的应用越来越广泛。目前，互联网、移动互联网已把全球大多数用户通过计算机、移动终端联系在一起，物联网的发展与应用将进一步把人与人、人与物、物与物连接起来。人类社会的许多活动，如教育、医疗、购物、政府办公等都可以通过网络完成。未来，计算机网络与通信必然会进一步深入影响到人类社会的方方面面。

（二）计算机技术应用发展展望

计算机已经成为人们办公、生活的必需品，它对人们的生活与工作已经并将继续产生积极的影响。另外，诺伊曼体制的简单硬件与专门逻辑已不能适应软件日趋复杂、课题日益繁杂庞大的趋势。要适应这些快速发展的新要求，创造必须服从于软件需要和课题自然逻辑的新体制。实现方法就是并行、联想、专用功能化以及硬件、固件、软件相复合。计算机将由信息处理、数据处理过渡到知识处理，知识库将取代数据库。自然语言、模式、图像、手写体等进行人机会话将是输入输出的主要形式，使人机关系达到高级的程度。砷化硼器件将取代硅器件。未来，计算机的发展将趋向超高速、超小型、平行处理和智能化，量子、光子、分子和纳米计算机将具有感知、思考、判断、学习及一定的自然语言能力，使计算机进入高级人工智能时代。这种新型计算机将推动新一轮计算技术革命，并带动光互联网的快速发展，对人类社会的发展产生深远的影响。纳米技术、生物技术、光量子技术等将在未来的计算机技术发展与应用中发挥更大的作用。

（三）计算机技术未来发展的建议

1. 做好技术革新

经济的发展促使人们对计算机技术改进有了更高的关注。在计算机技术发展的过程中，为了更好地推进其发展就会做好创建计算机技术的相关措施，对在其发展中有可能面临的问题做出相应的处理。做好这一点，首先要对其进行全面的认识，对计算机技术的实施形成系统的了解，在开发新技术时也要遵循自然以及经济的规律，体现其科学性和实效性等等。兼顾这些在计算机技术改进和发展中才能更加完善，为人所用。

2. 增强计算机研发人员的培训

实现计算机技术发展的关键在于有一批具备高素质和高技能的技术研发人员，要想计算机技术的发展能够得到保障，就要依赖这些研发人员在掌握技术要领和工作规范的基础上进行工作。同时，提高研发人员的责任意识和创新意识，拥有责任意识的研究人员能够确保计算机技术发展得到重视，而创新意识则是推动计算机技术革新的动力。在生产和生活中计算机技术发挥了很大的作用，要使得生活水平得到进一步的提高，就要能够确保计算机技术更为完善和顺利地发展。

3. 加强对计算机技术研究的鼓励

我国的计算机技术研发工作同发达国家相比还存有差距。为了促进计算机技术的发展，我国应该加大对计算机技术研发的保护，鼓励相关机构进行技术研发，并对有突出贡献者提供奖励。

计算机技术发展不仅对我国的经济建设有着很大的促进作用，而且对我国经济、科技、教育等都有着积极的影响。因而，计算机技术的发展将会受到广泛的关注和支持，我们应为计算机技术的发展而努力。

第三节　计算机信息的表示、检索与判别

一、信息在计算机中的表示

计算机可以处理各种各样的信息，包括数值、文字、图像、图形、声音、视频等，这些信息在计算机内部都是采用二进制形式来表示的。

（一）数值信息在计算机中的表示

数值信息指的是数学中的代数值，具有量的含义，且有正负、整数和小数之分。计算机中的数值信息分成整数和实数两大类，它们都是用二进制表示的，但表示方法有很大差别。

1. 整数的表示

整数不使用小数点，或者说小数点始终隐含在个位数的右边，所以整数也称为定

点数。

整数又可以分为两类：不带符号的整数（unsigned integer）也称无符号整数，这类整数一定是正整数；带符号的整数（signed integer），既可表示正整数，又可表示负整数。

（1）无符号整数

这类整数常用于表示地址、索引等，它们可以是 1 字节、2 字节、4 字节、8 字节甚至更多。1 字节表示的无符号整数的取值范围为 $0 \sim 255$（即 $2^8 - 1$），2 字节表示的无符号整数的取值范围为 $0 \sim 65535$（即 $2^{16} - 1$）。

（2）带符号整数

在计算机中，用最高位（最左边一位）来表示符号位，用 0 表示正号，用 1 表示负号，其余各位表示数值。

2. 文字的表示

（1）西文字符的编码

日常使用的书面文字是由一系列称为字符的符号所构成的。计算机中常用字符的集合称为字符集。字符集中的每一个字符在计算机中有唯一的编码（即字符的二进制编码）。

西文字符集由拉丁字母、数字、标点符号及一些特殊符号所组成。目前，国际上使用最多、最普遍的字符编码是 ASCII 字符编码。ASCII 码的全称是 American Standard Code for Information Interchange，即美国国家信息交换标准字符码。

标准 ASCII 码是 7 位的编码，可以表示 $2^7 = 128$ 个不同的字符，每个字符都有其不同的 ASCII 码值，它们的编码范围是 000000B 至 111111B（00H 至 7FH）。并且，这 128 个字符共分为 2 类，分别是 96 个可打印字符（大小写字母、数字、标点符号等）和 32 个控制字符（水平制表符、删除键、回车符等）。

虽然标准 ASCII 码是 7 位的编码，但因为计算机中最基本的存储和处理单位是字节，所以一般仍以一个字节来存放一个 ASCII 字符。每个字节中多余出来的一位，在计算机内部通常置为 0，而在数据传输时用作奇偶校验位。

（2）汉字的编码

汉字也是字符，与西文字符相比，汉字数量多，字形复杂，同音字多。为了能直接使用西文标准键盘输入汉字，必须为汉字设计相应的编码，以适应计算机处理汉字的需要。

①国标码。为了适应计算机处理汉字信息的需要，1981 年我国颁布了《信息交换用汉字编码字符集基本集》（GB 2312—1980）简称国标码，又称汉字交换码。该标准选出 6 763 个常用汉字和 682 个非汉字字符，为每个字符规定了标准代码，以便在不同计算机系统中进行汉字文本的交换。GB 2312—1980 由三部分组成：第一部分是字母、数字和各种

符号，包括拉丁文字母、俄文、日文平假名、希腊字母、汉语拼音等共 682 个（统称为 GB 2312—1980 图形符号）；第二部分为一级常用汉字，共 3 755 个，按汉语拼音排列；第三部分为二级常用汉字，共 3 008 个，因不常用，所以按偏旁部首排列。

每一个 GB 2312—1980 汉字使用 2 字节（16 位）表示，每字节的最高位均为 1，这种高位均为 1 的双字节编码就称为机内码，以区别西文字符的 ASCII 码。

②区位码。在国标码中，所有的常用汉字和图形符号组成了一个 94 行×94 列的矩阵，每一行的行号称为区号，每一列的列号称为位号。区号和位号都由两个十进制数表示，区号编号是 01 至 94，位号编号也是 01 至 94。由区号和位号组成的 4 位十进制编码被称为该汉字的区位码，其中区号在前，位号在后，并且每一个区位码对应唯一的汉字。例如，汉字"啊"的区位码是"1601"，表示汉字"啊"位于 16 区的 01 位。

③机内码。GB 2312—1980 区位码中，区号和位号各需要七个二进位才能表示。每个汉字的区号和位号分别使用 1 字节来表示，且都从 33 开始编号（33～126），字节的最高位规定均为 1。这种高位均为 1 的双字节（16 位）汉字编码就称为 GB 2312—1980 汉字的机内码，又称内码。目前计算机中 GB 2312—1980 汉字的表示都是这种方式。

将区位码转换成国标码和机内码的方法如下：

①将十进制的区号和位号分别转换成十六进制。

②将转换成十六进制的区号和位号分别加上 20H。

③将分别加上 20H 的区号和位号组合，得到国标码。

④将国标码加上 8080H，即得到机内码。

（二）图像在计算机中的表示

计算机的数字图像按其生成方法可以分成两类：一类是从现实世界中通过扫描仪、数码相机等设备获取的图像，它们称为取样图像、点阵图像或位图图像（以下简称图像）；另一类是使用计算机合成（制作）的图像，它们称为矢量图形，或简称图形。

1. 数字图像的获取

从现实世界中获得数字图像的过程称为图像的获取。图像获取的过程实质上是模拟信号的数字化过程，它的处理步骤大体分为四步。

（1）扫描。将画面划分为 M×N 个网格，每个网格称为一个取样点。这样，一幅模拟图像就转换为 M×N 个取样点组成的一个阵列。

（2）分色。将彩色图像取样点的颜色分解成三个基色（如 R、G、B 三基色），如果不是彩色图像（即灰度图像或黑白图像），则不必进行分色。

（3）取样。测量每个取样点每个分量的亮度值。

（4）量化。对取样点每个分量的亮度值进行 A/D 转换，即把模拟量转换成数字量（一般是 8 位至 12 位的正整数）来表示。

通过上述方法所获取的数字图像称为取样图像，它是静止图像的数字化表示形式，通常简称为"图像"。

从现实世界获得数字图像的过程中所使用的设备通称为数字图像获取设备。设备的主要功能是将现实的景物输入计算机内并以取样图像的形式表示。

常用的数字图像获取设备有电视摄像机、数码摄像机、扫描仪和数码照相机。

电视摄像机的核心部件是光电转换部件，目前大多数感光基元为电荷耦合器件 CCD（charge-coupled device）。CCD 可以将照射在其上的光信号转换为对应的电信号。该设备小巧、工作速度快、成本低、灵敏度高，多作为实时图像输入设备使用；但摄像机拍摄的图像灰度层次较差，非线性失真较大，有黑斑效应，在使用中需要校正。

数码摄像机，简称 DV，译成中文是"数字视频"的意思，它是由索尼（SONY）、松下（PANASONIC）、胜利（JVC）等多家著名家电企业联合制定的一种数码视频格式。DV 记录的是数字信号，和模拟摄像机相比，DV 具有清晰度高、色彩更加纯正、无损复制、体积小、质量小等特点。

扫描仪是图片、照片、胶片及文稿资料等各种形式的图像信息输入计算机的重要工具，其特点是精度和分辨率高。目前，1 200dpi 以上精度的扫描仪已很常见。扫描仪的成本很低，平板式扫描仪的价格在千元以下。扫描仪由于其良好的精度和低廉的价格，已成为当今广泛应用的图像数字化设备。但用扫描仪获取图像信息速度较慢，不能实现实时输入。

数码照相机是一种能够进行景物拍摄，并以数字格式存放拍摄图像的照相机。它的核心部件是 CCD 图像传感器，主流机型分辨率已在 600 万像素以上。

数码照相机的感光器件 CCD 可以对亮度进行分级，但并不能识别颜色。为此，数码照相机使用了红、绿和蓝三个彩色滤镜，当光线从红、绿、蓝滤镜中穿过时，就可以得到每种色光的反应值，再通过软件对得到的数据进行处理，从而确定每一个像素点的颜色。

CCD 生成的数字图像被传送到照相机的一块内部芯片上，该芯片负责把图像转换成相机内部的存储格式（通常为 JPEG）。最后，把生成的图像保存在存储卡中。

数码照相机通过 USB 接口与计算机相连，将拍摄的图像下载到计算机中，以备处理使用。

2. 数字图像的表示

从取样图像的获取过程可以知道，一幅取样图像由 M×N 个取样点组成，每个取样点是组成取样图像的基本单位，称为像素（pixel）。彩色图像的像素由多个彩色分量组成，黑白图像的像素只有一个亮度值。

取样图像在计算机中的表示方法是：单色图像用一个矩阵来表示，彩色图像用一组（一般是三个）矩阵来表示，矩阵的行数称为图像的垂直分辨率，列数称为图像的水平分辨率，矩阵中的元素是像素颜色分量的亮度值，使用整数表示，一般是 8 位至 12 位。

在计算机中存储的每一幅取样图像，除了所有的像素数据之外，还必须给出如下一些关于该图像的描述信息（属性）。

（1）图像大小

图像大小，也称为图像分辨率（包括垂直分辨率和水平分辨率）。若图像大小为 400×300，则它在 800×600 分辨率的屏幕上以 100% 的比例显示时，只占屏幕的 1/4，若图像超过了屏幕（或窗口）大小，则屏幕（或窗口）只显示图像的一部分，用户须操纵滚动条才能看到全部图像。

（2）颜色空间的类型

颜色空间的类型，指彩色图像所使用的颜色描述方法，也称为颜色模型。RGB（红、绿、蓝）模型、CMYK（青、品红、黄、黑）模型，在显示器中使用。

HSV（色彩、饱和度、亮度）模型，在彩色打印机中使用。YUV（亮度、色度）模型，在彩色电视信号传输时使用。HSB（色彩、饱和度、亮度）模型，在用户界面中使用。从理论上讲，这些颜色模型都可以相互转换。

（3）像素深度

像素深度，即像素的所有颜色分量的二进位数之和，它决定了不同颜色（亮度）的最大数目。

（4）位平面数目

位平面数目，即像素的颜色分量的数目。黑白或灰度图像只有一个位平面，彩色图像有三个或更多的位平面。

二、信息的检索与判别

人类社会发展到今天，特别是进入 21 世纪以来，信息随着知识的增长而急剧增长，这就是人们常说的"知识爆炸"。信息的快速增长越来越需要一种能够实现对巨量知识便捷提取的手段和方法，来完成某一范围知识的收集和利用。这种手段和方法的现代含义就

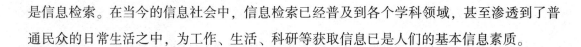

是信息检索。在当今的信息社会中，信息检索已经普及到各个学科领域，甚至渗透到了普通民众的日常生活之中，为工作、生活、科研等获取信息已是人们的基本信息素质。

（一）信息检索的基本原理

计算机信息检索是指利用计算机存储信息和检索信息。具体地说，就是指人们在计算机或计算机检索网络的终端机上，使用特定的检索指令、检索词和检索策略，从计算机检索系统的数据库中检索出所需的信息，继而再由终端设备显示或打印的过程。为实现计算机信息检索，必须事先将大量的原始信息进行加工处理，并以数据库的形式存储在计算机中，所以计算机信息检索广义上包括信息的存储和检索两个方面。

计算机信息存储过程是：用手工或者自动方式将大量的原始信息进行加工。具体做法是：将收集到的原始信息进行主题概念分析，根据一定的检索语言抽取出能反映信息内容的主题词、关键词、分类号，以及能反映信息外部特征的作者、题名、出版事项等，分别对这些内容进行标识或者编写出信息的内容摘要。然后，再把这些经过"前期处理"的信息按一定格式输入计算机存储起来，计算机在程序指令的控制下对数据进行处理，形成机读数据库，并存储在存储介质上，完成信息的加工存储过程。

计算机信息检索过程是：用户对检索课题加以分析，明确检索范围，弄清主题概念，然后用系统检索语言来表示主题概念，形成检索标识及检索策略，并输入计算机进行检索。计算机按照用户的要求将检索策略转换成一系列的提问，在专用程序的控制下进行高速逻辑运算，选出符合要求的信息输出。计算机检索的过程实际上是一个比较、匹配的过程，检索提问只要与数据库中的信息特征标识及其逻辑组配关系相一致，则属"命中"，即找到了符合要求的信息。

由此可知，信息检索的本质就是读者（用户）的信息需求与存储在信息集合体中的信息进行比较和选择，即匹配的过程。也就是对一定的信息集合体（系统）采用一定的技术手段，根据一定的线索与准则找出（命中）相关的信息。存储是为了检索，没有存储就无所谓检索。信息的存储与检索存在着相辅相成、相互依存的辩证关系。可以看到，在用户输入检索词后，计算机信息检索系统主要操作的对象是顺排文档和倒排文档。

在用户输入单个检索词的情况下，例如，输入"软件"词时，系统首先查找索引词典倒排文档，并在显示器上响应，给出含有"软件"一词的记录数，同时系统将这些记录的地址调入内存。在系统接到用户显示命中记录的指令后，调用记录号倒排文档，根据记录号从顺序文档中读取并显示记录。有的系统则在接受用户检索词后，顺次搜索索引词典文档、记录号文档和顺排文档，用户可同时看到命中的记录数和首记录的全部内容。

在用户输入两个以上检索词的情况下，计算机信息检索系统除了进行上述操作以外，还要对记录号集合之间进行逻辑运算，包括逻辑"与""或""非"运算。需要指出的是，用户在检索过程中，如果发现以下 3 种情况：①对所输入的检索词，系统响应为"0"，即检索词与索引词典中标识词不匹配；②对所输入的检索词，系统响应的篇数或者太多，或者太少；③对所输入的检索词，系统最后给出的记录并不合乎课题要求。可以通过换用其他数据库，或者重新输入检索词，或者调整检索策略的办法予以解决。

（二）计算机信息检索系统

1. 检索系统的类型

检索系统是有序的信息集合。每件信息都需要经过加工，把信息的特征著录下来，成为一个条目，亦称记录。将一个个记录按一定序列编排起来便组织成一个可供检索的系统。数据库是计算机信息检索系统的核心部分之一，所谓数据库，就是可以利用计算机进行存储和检索的数据集合体。通俗地讲，数据库就是在计算机存储设备上按一定方式存储的相互关联的数据集合。显然，它是信息检索操作的对象，是向我们提供有关文献或数据的信息库。数据库是计算机技术与信息检索技术相结合的产物，是现代重要的信息资源管理工具。目前有不同类型的计算机信息检索系统，每一种系统的结构和功能也不相同。按照系统的工作方式划分，可以分为：脱机检索系统（Off-Line Retrieval System）和联机检索系统（On-Line Retrieval System）。按系统所能检索的文献时间范围划分，可以分为：定题检索系统（Selective Dissemination of Information System）和回溯检索系统（Retrospective Searching System）。定题检索系统简称 SDI 系统，是一种专门提供近期信息检索服务的信息检索系统。它事先把用户的检索课题转换成计算机检索提问式，然后定期地利用计算机检索新到的数据库，把检索结果分发给用户。回溯检索系统简称 RS 系统，是一种可以提供回溯性检索服务的信息检索系统。它根据用户的要求，对数据库中存储的所有文献进行全面检索，然后把结果提供给用户。

检索系统回答用户的各种问题，不同的检索系统揭示信息的角度、广度和深度有所不同。检索系统从其功能上划分，可分为 3 种类型：目录检索、文献检索和事实检索。

（1）目录检索

目录是人们对各种出版物进行登记和报道的产物，也是鉴别图书、指导阅读和科学管理图书资料的工具。馆藏目录是用户经常使用的一种重要目录，它反映图书资料的收藏情况，可确定原文的收藏地点。馆藏目录可以是单个图书信息中心的，也可以是许多图书信息中心的馆藏集合。后者称作联合目录，它可以反映一个地区、一个集团以至一个国家的图书资料收藏情况。它在开展馆际互借、实现信息资源共享和充分发挥众多图书信息中心的整体作用等方面有重要的用途。目录系统的载体也是多样的，手工检索工具有卡片式目录、书本式目录。提供计算机检索的电子版目录包括机读目录 MARC（Machine Readable Catalog）以及在网络上运行的联机公共检索目录 OPAC（Online Public Access Catalog），可提供联机目录查询。网络把许许多多图书信息中心连接起来，提供地区性的乃至全球性的目录检索服务，如 OCLC（Online Computer Library Center）是世界上最大的一个图书馆自动化网络，向全球用户提供 3 万多个图书馆的馆藏信息。当前的趋势是卡片目录将逐步被联机目录所取代。

（2）文献检索

文献检索系统提供对参考文献的检索，检索结果主要是一些可提供研究课题使用的参考文献的线索，即来源信息。除了来源出处，还可能有文摘，所以说它是一种间接的相关性检索，其相关性表现在检索的信息对课题的参考价值。比如，"关于超高清晰度电视机研究方面有哪些新进展？"通过文献检索用户获得许多参考文献线索，这些文献大量地来自期刊，它们是一篇一篇的文章。文献检索工具同样有手检系统和机检系统，许多手检系统都有与之对应的机检系统，反过来，由于当今机检数据库系统的大量研制生产，手检工具现在几乎都是机检系统加工输出的"副产品"。仅存储二次文献（文摘、题录、目录、索引）的数据库称为参考文献数据库，绝大多数文献数据库都属于这一类。它主要来源于书本式的检索工具，是文献检索工具实现计算机化生产后，输出的一种产品，其内容与原来的检索工具基本相同。例如，英国《科学文摘》的数据库叫 INSPEC，美国《化学文摘》《生物学文摘》《工程索引》的数据库分别为 CA Search、BIOSIS Preview、COMPENDEX。

随着检索系统功能的增强，从而实现了全文数据库的检索。全文数据库指存储一次文献的数据库，它将文献的全文存储在数据库中，用户可直接检索出相关文献的全文或其中某些段落，不必再到别处去查阅原文。较著名的全文数据库有：哈佛商业评论数据库（Harvard Business Review）、美国 Mead 数据公司的法律文献与案例数据库（LEXIS）及新闻全文数据库（NEXIS），意大利西方出版公司的法律文献数据库（Westlaw）等。另外，计算机联机检索系统还实现了参考文献数据库和全文数据库的连通，使用户一次检索便可连续通过两个数据库而获得原文，该电子文件又可通过电子邮件（E-mail）等电子传送方式实时传送到用户终端。这就使用户彻底摆脱中介方式检索，快捷、高效地完成文献的自我服务，即 article requesting without leaving your seat。目前很多信息中心正在努力开发此项业务，积极从出版商处购买期刊全文，在网上提供资源的共享服务。如 OCLC 已具备了这种 end-user online search 功能，在系统的全文数据库中存储了世界上大部分重要刊物数以百万计的全文资料。

（3）事实检索

事实检索系统包括对事实、数值、概念、图形的检索（从广义上讲，全文检索也是一种事实检索，文献中几乎每个有意义的词都可用作检索词）。事实检索提供事实、数据等信息的原始资料，是一种直接的确定性检索。事实检索的数据库在计算机检索系统中称为源数据库（Source Database），英语中有时也用databank来专指，它强调具体数据和原始资料来源的自足性。社会日新月异的发展，源数据库中包括越来越多的动态信息，许多数据库的信息每日更新，在科技界、商业界、金融界得到越来越普遍的应用。源数据库是当今迅速发展的数据库，它主要有以下几种类型：

①数值数据库。专门提供数值方式表示的数据，直接提供解决问题所需的数据，是进行各种分析、统计、定量研究、管理预测、决策的重要工具。如统计数据库、科学研究数据库、财务数据库等。

②事实数据库。库内记录有各种有检索和利用价值的事实，如结构、人物、产品、资源分布等，常见的有产品数据库、商情数据库、名址数据库等。

③概念数据库。库内存储各种名词术语或语言资料，如词典型数据库等。

④图像数据库。库内存储某些图像信息，如工程设计图、指纹、卫星图片、云图等，多为内部使用。

2. 计算机信息检索系统的构成

计算机信息检索系统由硬件和通信设施以及软件系统构成。

（1）硬件和通信设施

主机，是检索系统的核心，它是完成信息检索的主要设备。主机的类型有大型计算机、中型计算机、小型计算机及微型计算机等。

检索终端，是用户与主机进行连接的装置，是实现人机对话的接口。它一般可以使用微型计算机或终端机等。

通信网络，是联系终端与计算机的桥梁，确保信息传递的设施。

数据输出设备，是记录终端发送和接收信息的设备，通常是使用打印机。常用的打印机类型有针式打印机、喷墨打印机和激光打印机。

（2）软件系统

系统管理软件，是组织控制计算机硬件资源协调工作的操作系统。信息检索软件通常是基于各种不同操作系统而开发的。

检索系统应用软件，是管理数据库及完成检索工作的应用程序系统，又称为数据库管理系统或检索程序。

数据库，是计算机信息检索系统的信息源。一种计算机检索系统可以有一个或多个数据库，每个数据库都是一定专业领域信息的集合，由一个个记录组成。

（三）计算机信息检索技术的判别

信息检索技术经过先组式索引检索、穿孔卡片检索、缩微胶卷检索、脱机批处理检索，发展到了今天的联机检索、光盘检索与网络检索并存，检索方法也不断丰富。[①]

在实际的检索过程中，许多时候并不是简单的计算机操作就能够完成所需信息的检索，特别是在检索较为复杂的信息时，没有经验的用户会因为一些技术问题而耽误许多的时间，这就需要掌握检索的基本技术。根据需要，选择最适合自己的和符合所检数据库特点的检索技术，能帮助提高检索效率。检索基本技术主要有以下几种：

1. 布尔逻辑检索

布尔逻辑检索（Boolean searching）是一种比较成熟的、较为流行的检索技术。检索信息时，利用布尔逻辑算符进行检索词的逻辑组配。布尔逻辑算符有三种，即逻辑"与（AND）"、逻辑"或（OR）"和逻辑"非（NOT）"。布尔逻辑算符在检索表达式中，能把一些具有简单概念的检索单元组配成为一个具有复杂概念的检索式，更加准确地表达用户的信息需求。

布尔逻辑算符的运算次序如下：

对于一个复杂的逻辑检索式，检索系统的处理是从左向右进行的。在有括号的情况下，先执行括号内的逻辑运算；有多层括号时，先执行最内层括号中的运算，再逐层向外进行。在没有括号的情况下，AND、OR、NOT 的运算顺序在不同的系统中有不同的规定。

例如，DIALOG 系统中依次为 NOT>AND>OR，即先算括号内的逻辑关系，再依次算"非""与""或"关系。"–"优先级最高，"＊"次之，"+"最低。例如，要查找研究唐宋诗歌的文献，可以用"（唐+宋）＊诗""唐＊诗+宋＊诗"，而不能用"唐+宋＊诗"。"唐+宋＊诗"查找的是含有"唐"的文献或者同时含有"宋"和"诗"的文献，这样就把涉及的唐代、唐姓的文献都找出来了。检索时应注意了解各机检系统的规定，避免因逻辑运算次序处理不当而造成错误的检索结果。

2. 位置算符

位置算符也称词位检索、邻近检索，表示两个或多个检索词之间的位置邻近关系，常

---

① 黄如花：《信息检索》，武汉大学出版社 2018 年版。

用的有以下几种。

（1）（W）与（nW）算符

W 是 with 的缩写，（W）表示在此算符两侧的检索词必须按照输入时的前后顺序排列，而且所连接的词与词之间除可以有一个空格、一个标点符号、一个连接字符之外，不得夹有任何其他单词或字母。（nW）由（W）引申而来，表示在两个检索词之间可以补入 n 个单元词，但两个检索词的位置关系不可颠倒。

（2）（N）与（nN）

（N）算符表示在此算符两侧的检索词必须紧密相连，但词序可颠倒。（nN）由（N）引申而来，区别在于两个检索词之间可以插入 n 个单元词。

（3）（S）算符

S 是 subfield 的缩写，（S）表示其两侧的检索词必须出现在同一子字段中，即一个句子或短语中，词序不限。

（4）（F）算符

F 是 field 的缩写，（F）表示其两侧的检索词必须出现在同一字段中，如篇名字段、文摘字段等，词序不限，并且夹在其中间的词量不限。

（5）（L）算符

L 是 link 的缩写，（L）表示其两侧的检索词之间有主从关系，可用来连接主、副标题词。该算符常用于 1993 年前的 Compendex 数据库中。

（6）（C）算符

C 是 citation 的缩写，（C）表示其两侧的检索词只要出现在同一条记录中，且对它们的相对位置或次序没有任何限制，其作用与布尔逻辑算符 AND 完全相同。

上述算符中，（W）、（N）、（S）、（F）、（C）从左到右，对其两侧检索词的限制逐渐放宽，从右到左，则限制愈加严格。其执行顺序是词间关系越紧密的越先执行，需要先执行的部分可用括号标出。

3. 截词检索

截词检索是一种常用的检索技术，在外文检索中使用最为广泛。外文虽然彼此间有差别，但是它们存在着一个共同特点，即构词灵活，在词干上加上不同性质的前缀或后缀就可以派生出很多新的词汇。例如 library、libraries、librarian、librarianship 等。如果检索时将这些词全部输入进去，不仅费时费力，还费钱。

由于词干相同，派生出来的词在基本含义上是一致的，形态上的差别多半只具有语法上的意义。正是由于这些原因，用户如果在检索式中只列出一个词的派生形式，在检索时就容易出现漏检。截词检索是防止这种类型漏检的有效方法。大多数外文检索系统都提供有截词检索的功能，采用截词检索能省时省力。

所谓截词，是指在检索词的合适位置进行截断。截词检索，则是用截断的词的一个局部进行的检索，并认为满足这个词局部中的所有字符（串）的文献都为命中文献。

截词方式有多种。按截断的位置来分，有后截词、前截词、中截词三种类型；按截断的字符数量来分，可分为有限截词和无限截词两种类型。这里有限截词是指明确截去字符的数量，而无限截词是指不说明具体截去多少个字符。

不同的检索系统对截词符有不同的规定，有的用"?"，也有的用"e""!""#""$"等。

比如，"?"出现在词中，"?"或"??"分别表示该处可填入1个或2个任意字符。"?"出现在词尾，若有"???"，表示允许该处可填入0~3个任意字符。在中文数据库中，截词一般在词尾；在英文数据库中，截词不但可在词尾，还可用在词头或中间。

第二章 计算机硬件系统与软件系统分析

一个完整的现代计算机系统（简称计算机）包括硬件系统和软件系统两大部分，硬件是实体，软件是灵魂，仅有硬件没有软件，计算机无法发挥应有的作用，只有软件没有硬件，再好的软件也只能是废物一堆，只有两者密切配合，才能使计算机成为人们工作、学习和生活的有用工具。[①]

第一节 计算机系统的组成

一、计算机系统的基本组成

一台完整的计算机系统由硬件和软件组成。硬件是计算机系统的基础，而软件则如同计算机系统的灵魂，两者缺一不可，相辅相成。目前，硬件和软件相互渗透、相互融合，使得硬件和软件的分界线越来越模糊，于是在硬件和软件之间出现了固件。

计算机系统采用何种实现方式，要从效率、速度、价格、资源状况、可靠性等多方面因素全盘考虑，对软件、硬件及固件的取舍进行综合平衡。软件和硬件在逻辑功能上是等效的，同一逻辑功能既可以用软件也可以用硬件或固件实现。从原理上讲，软件实现的功能完全可以用硬件或固件完成，同样，硬件实现的逻辑功能也可以由软件模拟来完成，只是性能、价格以及实现的难易程度不同而已。例如，在计算机中实现十进制乘法这一功能，既可以用硬件来实现，也可以用软件来完成。用硬件实现，需要设计十进制乘法机器指令，其特点是完成这一功能的速度快，但需要更多的器件。而用软件来实现这个功能，则要采用加法、移位等指令通过编程来实现，其特点是实现的速度慢，但不须增加器件。软、硬件的功能分配比例可以在很宽的范围内变化，这种变化是动态的。

---

① 　庄伟明、陈章进：《计算机技术导论》，上海大学出版社 2012 年版。

软、硬件功能分配的比例随不同时期以及同一时期的不同机器的变化而变化。由于软硬件是紧密相关的，软硬件界面常常是模糊不清的，因此在计算机系统的功能实现上，有时候很难分清哪些功能是由硬件完成的，哪些功能是由软件完成的。在满足应用的前提下，软、硬功能分配比例的确定，主要是看能否充分利用硬件、器件技术的现状和进展，使计算机系统达到较高的性能价格比。对于计算机系统的用户，还要考虑其所直接面对的应用语言所对应的机器级的发展状况。

从目前软硬件技术的发展速度及实现成本上看，随着器件技术的高速发展，特别是半导体集成技术的高速发展，以前由软件来实现的功能越来越多地由硬件来实现。总的来说，软件硬化是目前计算机系统发展的主要趋势。

二、计算机系统的多层结构

最早期的计算机只能提供用户机器语言，使用者必须用二进制编码的语言详细地编写程序，随着第二代、第三代计算机的发展，出现了汇编语言、各种高级语言；形成了操作系统，组成了一个软硬件不可分割的整体。它们相互渗透，相互贯通，相互促进，使计算机不断改善，不断满足用户新的需要，提供更好的服务。[①]

现代计算机是通过执行指令来解决问题的，它由软件和硬件两大部分组成。描述一个任务如何实现的指令序列称为程序，所有程序在执行前都必须转换成计算机能识别且能直接执行的机器指令。这些机器指令与机器硬件直接对应，并能被其直接识别和执行，然而使用机器语言编程既不方便，也无法适应解题需要和计算机应用范围的扩大。这个问题可从两方面去解决，前提都是要设计一个比机器指令更便于使用或编程的指令集合，由它构成新的语言，例如汇编语言。

汇编语言是一种符号语言，给程序员编程提供了方便，尽管每个语句仍基本上与机器指令对应，却并不能被机器直接识别和执行。用汇编语言开发的程序需要两种转换才能在实际机器上执行：一种是翻译（Translation），即在执行汇编语言源程序之前生成一个等价的机器语言指令序列来替换它，生成的程序全部由机器指令组成，计算机执行等效的机器语言程序，而不是原来的汇编语言源程序，即把源程序先转换成目标程序，然后再在机器上执行目标程序以获得结果；另一种是解释（Interpretation），即用机器指令写一个程序，将汇编语言源程序作为输入数据，按顺序检查它的每条指令，然后直接执行等效的机器指令序列来解决问题。汇编语言源程序可以在机器上运行并获得结果，是因为有汇编程序的

支持。在汇编语言程序设计者看来，就好像有了一台用汇编语言做为机器语言的机器。这里的机器是指能存储和执行程序的算法和数据结构的集合体。我们把以软件为主实现的机器称为虚拟机器，而把由硬件和固件实现的机器称为实际机器。显然，虚拟机器的实现是构筑在实际机器之上的。

语言与虚拟机之间存在着重要的对应关系，每种机器都有由它能执行的指令组成的机器语言。同时，语言也定义了机器，即机器要能执行这种语言所写的程序。有 n 种不同的语言，就对应有 n 层不同的虚拟机。

把计算机系统按功能划分为多个层次结构后，对各级的程序员而言，只要熟悉和遵守该级语言的规范准则，所编写的程序就总能在此机器级上运行并得到结果，而不用了解该机器是如何实现的。各机器级的实现主要靠翻译或解释，或者是这两者的结合。翻译是先用转换程序将高一级机器级上的程序整体地转换成在低一级机器级上可运行的等效程序，然后再在低一级机器级上实现的技术。解释则是在低一级机器级上用它的一串语句或指令来仿真高一级机器级上的一条语句或指令的功能，通过对高一级程序中的每条语句或指令逐条解释来实现的技术。

从概念和功能上把一个复杂的计算机系统看成是由多个机器级构成的层次结构，可以有以下好处：首先，有利于理解软件、硬件和固件在系统中的地位和作用。其次，有利于推动计算机系统结构的发展。例如，可以重新分配软硬件的比例，为虚拟机器的各个层次提供更多更好的硬件支持，改变硬件及器件快速发展而软件日益复杂、开销过大的状况，可以用硬件和固件来实现高级语言和操作系统，进而形成高级语言机器和操作系统机器。再次，有利于用真正的机器来取代各级虚拟机，摆脱各级功能都在同一台实际机器上实现的状况，发展多处理机系统、分布处理系统、计算机网络等系统结构。最后，有利于理解计算机系统结构的定义。把计算机按功能划分成多个不同的层次结构，从各个层次的功能划分和实现去了解计算机系统，有助于更深入地了解系统结构的定义。

第二节　计算机硬件系统及其技术应用

一、计算机的硬件系统

计算机的硬件系统从表面上是由那些看得见、摸得着的东西，如显示器、键盘、鼠标、机箱等组成。从理论上来看，计算机是由运算器、存储器、控制器、输入设备和输出设备等五个基本部分组成。我们通常把没有软件的计算机称为"裸机"。

计算机主要由五个组成部分组成，其工作过程：是数据和程序在控制器的指挥下，由输入设备送入存储器；运算器运算时，从存储器取数据，运算完毕再将结果存入存储器或者传送到输出设备输出；从存储器中取出的指令由控制器根据指令的要求发出控制信号控制其他部件协调工作。

计算机各部件之间是用总线（BUS）连接。总线是传送数据、指令及控制信息的公共传输通道。总线由三部分组成：地址总线（AB 总线）、数据总线（DB 总线）、控制总线（CB 总线）。

运算器（ALU）是对信息进行加工和处理（主要是算术和逻辑运算）的部件。运算器是由能进行简单算术运算（如加、减等）和逻辑运算（如与、或、非运算等）的运算部件及若干用来暂时寄存少量数据的寄存器、累加器等组成。

控制器（Controller）是计算机的神经中枢和指挥中心。它要根据用户通过程序所下达的加工处理任务，按时间的先后顺序，负责向其他各部件发出控制信号，并保证各部件协调一致地工作。它主要由指令寄存器、译码器、程序计数器、操作控制器等组成。控制器从存储器取出指令，进行译码，分析指令，再根据指令功能发出控制命令，控制各部件去执行指令中规定的任务。

需要指出的是，运算器和控制器是集成在一块物理芯片上，一般称为中央处理器（Central Processing Unit），简称 CPU。CPU 是计算机的核心部分。

存储器（Memory）是计算机中具有记忆功能的部件，它的职能是存储程序和数据，并能根据指令来完成数据的存取。经计算机初步加工后的中间信息和最后处理的结果信息都记忆或存储在存储器中。除这些信息外，还存放着如何对输入的数据信息进行加工处理的一系列指令所构成的程序。

根据存储数据的介质不同，存储器可分为内存储器（Main Memory）和外存储器（Auxiliary Memory）两大类。内存储器简称内存，也称主存储器。内存一般容量较小，但存取速度快。内存又包括只读存储器（ROM）、随机存储器（RAM）和高速缓存（Cache）。凡要执行的程序和参加运算的数据都必须先调入内存（RAM 和 Cache）。外存储器简称外存，也称辅助存储器。外存容量大，但存取速度较慢，常用的外存有磁盘、磁带、光盘等。它用来存放暂时不用的而又须长期保存的数据，需要时可调入内存使用。

计算机的输入（input）可以包括键入、提交和传送给计算机的任何数据。输入者可以是人、外部设备或另一台计算机。计算机可输入的数据类型包括文档中的字、符号，用于计算的数字、图像，来自自动调温器的温度，由麦克风输入的声音信号和计算机的指令等等。由于信息的载体不同，所需信息的转换并输入给计算机的设备也不同，可供使用的输入设备很多，如键盘、鼠标器、扫描仪、磁盘机等。

输出（output）指的是计算机产生的结果。计算机的输出包括报表、文档、音乐、图表和图像等。输出设备用于显示、打印和传输处理的结果，对于不同的信息由计算机输出的设备也不尽相同，常见的输出设备有很多，如显示器、打印机、音箱、绘图仪等。

二、微型计算机硬件系统结构

几十年来，虽然相继出现了各种结构形式的计算机，但究其本质，仍属于计算机的经典结构——冯·诺依曼体系结构。这种结构的特点是：

①计算机由运算器、控制器、存储器、输入设备和输出设备组成。②数据和程序均以二进制代码形式存放在存储器中，存放位置由地址指定，地址码也为二进制形式。③编好的程序事先存入存储器中，在指令计数器控制下，自动执行程序。

微型计算机硬件由微处理器、存储器、I/O接口及系统总线组成，如图2-1所示。微型机中的各组成部分之间通过系统总线联系在一起，这种系统结构称为总线结构。采用总线结构，可使微型计算机系统的结构比较简单，易于维护，并具有更大的灵活性和更好的可扩展性。

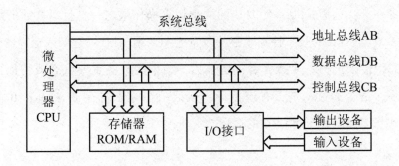

图2-1 微型计算机的系统结构

（一）微处理器（CPU）

微处理器是整个微型计算机的运算和指挥控制中心，负责统一管理和控制系统中各个部件协调地工作。微处理器主要包括运算器、控制器和寄存器组，图2-2为典型微处理器的基本结构。

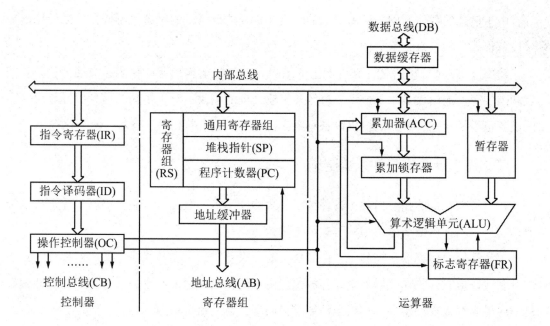

图 2-2　典型微处理器的基本结构

1. 运算器

运算器是对数据进行加工处理的部件，其核心是算术逻辑单元（Arithmetic Logic Unit，ALU），在控制信号作用下完成各种算术和逻辑运算。累加器（Accumulator，ACC）是通用寄存器中的一个，总是提供送入 ALU 的两个运算操作数之一，且运算后的结果又送回ACC。由于 ACC 与 ALU 的联系特别紧密，因而把 ACC 和 ALU 一起归入运算器中。暂存器用于暂存由总线传来的另一个操作数。运算后，结果的某些重要状态或特征，如是否溢出、是否为零、是否为负、是否有进位等，被记录在标志寄存器（Flags Register，FR）中，根据这些状态标志可控制 CPU 的运行。

2. 控 制 器

控制器主要负责从存储器中取出指令并译码分析，协调控制各个部分有序工作。一般包括以下几个部件：

（1）指令寄存器（Instruction Register，IR）：用来暂时存放从存储器中取出的指令。

（2）指令译码器（Instruction Decoder，ID）：负责对指令进行译码，通过译码产生完成指令功能的各种操作命令。

（3）操作控制器（Operation Controller，OC）：主要包括时钟脉冲发生器、控制矩阵、复位电路和启停电路等控制逻辑。根据指令要求，按一定的时序发出，接收各种信号，控制、协调整个系统完成所要求的操作。

3. 寄存器组 RS

寄存器（Register）是微处理器的重要部件，其实质上是 CPU 内部的高速存储单元，用于暂存数据、指令等，它由触发器和一些控制电路组成。寄存器组可分为专用寄存器和通用寄存器。专用寄存器的作用是固定的，如图 2-2 中的堆栈指针、程序计数器、标志寄存器即为专用寄存器。通用寄存器可由程序员规定其用途，其数目及位数因微处理器而异，如 8086/8088CPU 中有 8 个 16 位通用寄存器，80386/80486 有 8 个 32 位通用寄存器等。有了这些寄存器，在需要重复使用某些操作数或中间结果时，就可将它们暂时存放在寄存器中，避免对存储器频繁访问，从而缩短指令执行时间，加快 CPU 的运算处理速度，同时也给编程带来了方便。

（二）内存储器

内存储器又称为内存或主存，是微型计算机的存储和记忆部件，用于存放程序和数据。微型机的内存都是采用半导体存储器。

1. 内存单元

无论是程序还是数据都是以二进制数形式存放在内存中。内存是由一个个内存单元组成的，每个单元存放 1B（8 位）的二进制信息，内存单元的总数称为内存容量。每个单元都有一个编号与之对应，称为地址（地址码），CPU 通过地址识别不同的内存单元，正确地对它们进行操作。注意，内存单元的地址和内存单元的内容是两个完全不同的概念。图 2-3 给出了内存单元的示意图（图 2-3）。

地址	内容
00000H	10110010
00001H	11000111
00002H	00001100
⋮	⋮
F0000H	00111110
⋮	⋮
FFFFFH	01110010

图 2-3　内存单元的示意图

2. 内存操作

CPU 对内存的操作有读、写两种。读操作是 CPU 将内存单元的内容取入 CPU 内部，而写操作是 CPU 将其内部信息传送到内存单元保存起来。显然，写操作的结果改变了被写单元的内容，而读操作则不改变被读单元中原有内容。

3. 内存分类

按工作方式不同，内存可分为两大类：随机存储器（Random Access Memory，RAM）和只读存储器（Read-Only Memory，ROM）。

RAM 可以被 CPU 随机地读和写，所以又称为读/写存储器。这种存储器用于存放用户装入的程序、数据及部分系统信息。当机器断电后，所存信息消失。

ROM 中的信息只能被 CPU 读取，而不能由 CPU 任意写入。机器断电后，信息并不丢失。所以，这种存储器主要用来存放固定程序，如监控程序、基本 V/O 程序等标准子程序，也用来存放各种常用数据和表格等。ROM 中的内容一般是由生产厂家或用户使用专用设备写入固化的。

（三）输入/输出（I/O）设备及接口

输入/输出设备（简称外设）是微型计算机与外界联系和沟通的桥梁，用户通过这些设备与计算机系统进行通信。常用输入设备有键盘、鼠标器、扫描仪等；常用输出设备有显示器、打印机、绘图仪等；磁带、磁盘、光盘既是输入设备，又是输出设备，实质为外存储器（或称辅助存储器）。

I/O 接口是微型计算机与 I/O 设备之间交换信息的通路。外设的种类繁多，结构、原理各异，有机械式、电子式、电磁式等。与 CPU 相比，I/O 设备的工作速度较低，处理的信息从数据格式到逻辑时序一般不可能直接兼容。因此，微型计算机与 I/O 设备间交换信息时，不能简单地直接相连，而必须有一个中间桥梁，这就是"接口电路"。通过该电路可完成信号变换、数据缓冲、与 CPU 联络等工作。这种 I/O 接口电路又称为 I/O 适配器（I/O Adaptor）。I/O 接口电路是微型计算机应用系统必不可少的重要组成部分。

（四）总线

微型计算机各功能部件之间通过系统总线连接。所谓"总线（BUS）"，是传输信息的公共通道，用于微型计算机中所有各组成部分之间的信息传输系统总线一般包括数据总线、地址总线和控制总线。

（1）数据总线（Data Bus，DB）：用来传输数据信息，CPU 既可通过 DB 从内存或输入设备接口电路读入数据，又可通过 DB 将内部数据送至内存或输出设备接口电路，该总线为双向总线。

（2）地址总线（Address Bus，AB）：用于传送地址信息，CPU 在 AB 总线上输出将要访问的内存单元或 I/O 端口的地址，该总线为单向总线。

（3）控制总线（Control Bus，CB）：用来传送控制信号、时序信号和状态信息等。其中有的是 CPU 向内存和外设发出的信息，有的则是内存或外设向 CPU 发出的信息。可见，CB 中每一根线的方向是一定的、单向的，但作为一个整体则是双向的，所以在各种结构框图中，凡涉及控制总线 CB，均以双向线表示。

"总线结构"是微型计算机系统在体系结构上的一大特色，正是由于采用了这一结构，才使得微型计算机系统中各功能部件之间的相互关系变为各个部件面向总线的单一关系，微型计算机才具有了组装灵活、扩展方便的特点。

三、计算机硬件技术的最新发展

（一）微处理器新技术

1. 多核处理器简介

多核处理器对连接处理器和芯片组之间的总线带宽提出了更高的要求，现在的 FSB 总线带宽已经成为瓶颈，这也就是代号 Demspey 的双核心 Xeon 处理器将采用两个处理器总线连接处理器和芯片组（代号 Blackford 和 Greencreek）的原因。

目前，并行 FSB 前端总线的最高承受速度在 1.2GHz。未来首批双核心桌面处理器 Smithfield 的 FSB 在 800MHz，65nm 工艺的双核心 Allendale 和 Millville 的 FSB 也在 1066MHz，还在目前并行 FSB 可以承受的速度范围之内。在 2007—2008 年内，Intel 推出了 DDR3 800/1066/1333 内存，从而内存界面也将分两个阶段迈向串行方式：第一个阶段是为 FB-DIMM 搭配高阶内存缓存（Advanced Memory Buffer，AMB）芯片，将并行传输转换成串行；第二个阶段是装备真正的 Serial DIMM 串行内存。

以双核心处理器为例，简单地说就是在一块 CPU 基板上集成了两个处理器核心，并通过并行总线将各个处理器核心连接起来。双核心并不是一个新概念，而只是单芯片多处理器（Chip Multi Processors，CMP）中最基本、最简单、最容易实现的一种类型。其实在 RISC 处理器领域，双核心甚至多核心都早已经实现。CMP 最早是由美国斯坦福大学提出的，其思想是在一块芯片内实现对称多处理（Symmetrical Multi-Processing，SMP）架构，且并行执行不同的进程。早在 20 世纪末，惠普和 IBM 就已经提出了双核处理器的可行性设计。IBM 于 2001 年就推出了基于双核心的 POWER4 处理器，随后是 Sun 和惠普公司，相继推出基于双核架构的 UltraSPARC 以及 PA-RISC 芯片，但此时的双核心处理器架构还都是在高端的 RISC 领域，直到前不久 Intel 和 AMD 相继推出了自己的双核心处理器，双核心才真正走入了主流的 X86 领域。

Intel 不是唯一要推出双核处理器的厂商，目前几乎所有处理器厂商都有多核计划。IBM 已经销售双核芯片多年，ARM 也在手机市场中销售双核芯片。Intel 的竞争对手 AMD 已经设计了双核、四核及八核芯片，并在 2005 年推出了首款双核芯片。惠普和 Sun 公司也都已经拥有了多核心产品。

Intel 强调自身的特色在于生产双核乃至多核芯片不只是推出一个处理器的概念，它还包括利用平行处理与平台的整合，如更高的运算能力及支持其他如无线网络安全装置，整体提升使用者的操作经验。

2. AMD 与 Intel 双核处理器

（1）AMD 双核心构架简介

AMD 目前的桌面平台双核心处理器代号是 Toledo 和 Manchester，基本上可以简单地看作是把两个 Athlon 64 所采用的 Venice 核心整合在同一个处理器的内部，每个核心都拥有独立的 512kB 或 1MB 的二级缓存，两个核心共享 Hyper Transport，从架构上来看，相对于目前的 Athlon 64 架构并没有任何改变。与 Intel 的双核心处理器不同的是，由于 AMD 的 Athlon 64 处理器内部整合了内存控制器，而且在当初设计 Athlon 64 时就为双核心做了考虑，但是仍然需要仲裁器来保证其缓存数据的一致性。AMD 在此采用了系统请求队列（System Request Queue，SRQ）技术，在工作时每一个核心都将其请求放在 SRQ 中，当获得资源之后请求就会被送往相应的执行核心，所以其缓存数据的一致性不需要通过北桥芯片，直接在处理器内部就可以完成。与 Intel 的双核心处理器相比，AMD 处理器的优点是大大降低了缓存数据的延迟。AMD 目前的桌面平台双核心处理器是 Athlon 64 X2，其型号按照 PR 值分为 3800+ 至 4800+ 等几种，同样采用 0.09μm 制程，Socket 939 接口，支持 1GHz 的 Hyper Transport，当然也支持双通道 DDR 内存技术。

（2）Intel 双核心构架简介

AMD 曾经指出 Intel 的奔腾至尊版是两个核心共享一个二级缓存，这是一个非常明显的错误。对此，Intel 表示：AMD 并不了解 Intel 的产品和 Intel 将来产品的技术走向，对自己的竞争对手及其产品妄加猜测和评论的行为是不值得赞赏的。事实上，奔腾至尊版与奔腾 D 都是每个核心配有独享的一级和二级缓存，不同的是 Intel 将双核争用前端总线的任务仲裁功能放在了芯片组的北桥芯片中。

按照"离得越近，走得越快"的集成电路设计原则，把这些功能组件集成在处理器中确实可以提高效率，减少延迟。但是，在台式机还不可能在短期内就支持 4 个内核和更多内核的现实情况下，只要有高带宽的前端系统总线，就算把这些任务交给仲裁组件处置，对于双核处理器的台式机来说所带来的延迟与性能损失也是微乎其微的。

Intel945 和 955 系列芯片组目前可提供 800MHz（用于目前的奔腾 D）和 1 066MHz 前端总线，如果是供一个四核处理器使用，那肯定会造成资源的争抢，但对于双核来说，这个带宽已经足够了。Intel 认为目前双核系统中的主要瓶颈还是内存、I/O 总线和硬盘系统，提升这些模块的速度才能使整个系统的计算平台更加均衡。

基于这种设计思路，Intel 在 945 和 955 系列芯片组中加强了对 PCI-Express 总线的支持，增加了对更高速 DDR2 内存的支持，对 SATA（串行 ATA）的支持速度也增加了一倍，由 1.5GB/s 升级到 3GB/s，进一步增加了磁盘阵列 RAID 5 和 RAID 10 的支持。

另外，英特尔奔腾至尊版有一个独门"绝活"，那就是双核心加超线程的架构。这种架构可以同时处理 4 个线程，这让它在多任务多线程的应用中具有明显的优势。而且 CMP 和 SMT（同时多线程，英特尔超线程就是一种 SMT 技术）的结合是业界公认的处理器重要发展趋势，最早推出双核处理器的 IBM 也是这一趋势的推动者。

3. 微处理器芯片的几项制造新技术

（1）纳米技术

自从核心频率达到 1GHz 以后，Intel 和 AMD 公司就不断提升各自的核心频率。与此同时，微处理器的制造工艺也从原先的 0.18μm 过渡到 0.13μm。另外，0.09μm 即 90nm 将成为最新的制造工艺。在此工艺下，芯片的晶体管体积更小，数量更多，当然性能也就更强。AMD 首款 90nm 工艺的芯片将会是一款 Clawhammer 家族的微处理器，Intel 公司的第一块 90nm 技术芯片也会是 Prescott 的一员。Intel 公司技术分析师已经宣布——Intel 公司已经开发出 90nm 技术的 SRAM 芯片。

（2）光波技术

随着平板印刷技术的提高，Intel、AMD 等公司在 CPU 电路设计中获得了很大的便利。在 2005 年，Intel 和 AMD 公司都把制造工艺提升到 65nm。一种全新的技术即光波技术可以代替原先的平板印刷。对于 65nm 技术的芯片，可以使用 193nm 的紫外线在电路板上进行印刷，印刷的效果可以与设计的电路图完全一样。

（二）内存储器新技术

近几年，微型机的硬件更新速度非常快，对内存的带宽和速度的需求越来越高，对内存的容量要求也越来越大。另外，操作系统也变得越来越复杂，对内存的性能要求也在不断提高。目前，两种更先进的内存已经出现，新一代内存主要是 DDR2 和 32 位 Rambus。另外，随着微型机性能的不断提升，人们要求内存封装更加精致，以适应大容量的内存芯片，同时也要求内存封装的散热性能更好，以适应越来越快的核心频率。

1. DDR2

DDR2 内存是 DDR 内存的换代产品，它们的工作频率为 400MHz 或者更高。目前，主流内存将从现在的 DDR 产品直接过渡到 DDR2。

从 JEDEC 组织者阐述的 DDR2 标准来看，针对 PC 市场的 DDR2 内存，将采用 $0.13\mu m$ 的生产工艺，单片容量为 18/36/72 MB，最大可达 288MB，字节架构为 X8/X18/X36，读取反应时间大概为 2.5 个时钟周期。通过将 DLL（Delay-Locked Loop，延时锁定回路）设计到内存中（这与 Rambus 设计理念相似），输出的数据效率提升了 65% 左右，DDR 数据传送方式是每周期 32 个字节，并且可以随着工作频率的提升而达到更高的性能。在 200MHz 外频下工作，将会达到 4.8GB/s 的内存带宽。DDR2 的 DIMM 模块也发生了变化，240 针的 DDR2 模块将会取代 184 针的 DDR 模块。另外，DDR2 内存均在 1.8V 下工作，单条容量至少有 512MB。

2. DDR2 采用的新技术

DDR2 引入了 OCD、ODT 和 Post CAS 三项新技术。

（1）OCD（Off-Chip Driver）

OCD 就是所谓的离线驱动调整，DDR2 通过 OCD 可以有效地提高信号的完整性。DDR2 通过调整上拉（pull-up）/下托（pull-down）的电阻值来使两者的电压相等，使用 OCD 通过减少 DQ-DQS 的倾斜来提高信号的完整性，通过控制电压来提高信号的品质。

（2）ODT

ODT 是内建核心的终结电阻器。使用 DDR SDRAM 的主板上面为了防止数据线终端反射信号需要大量的终结电阻，它大大增加了主板的制造成本。实际上，不同的内存模组对终结电阻的要求是不一样的，终结电阻的大小决定着数据线的信号比和反射率，终结电阻小则数据线的信号反射低，但是信噪比也比较低；终结电阻高，则数据线的信噪比高，但是信号反射也会增加。因此主板上的终结电阻并不能很好地匹配内存模组，还会在一定程度上影响信号的品质。DDR2 可以根据自己的特点内建合适的终结电阻，这样可以保证最佳的信号波形。使用 DDR2 不但可以降低主板的成本，而且还得到了最佳的信号品质，这是 DDR 所不能相比的。

（3）Post CAS

它是为了提高 DDR2 内存的利用效率而设定的。在 Post CAS 操作中，CAS 信号（读写/命令）能够被插到 RAS 信号后面的一个时钟周期，CAS 命令可以在附加延迟后面保持有效。原来的 tRCD（RAS 到 CAS 和延迟）被 AL（Additive Latency）所取代，AL 可以在0、1、2、3、4 中进行设置。由于 CAS 信号放在 RAS 信号后面一个时钟周期，因此 ACT 与 CAS 信号永远不会产生碰撞冲突。

总的来说，DDR2 采用了诸多的新技术，改善了 DDR 的许多不足，目前价格相对于濒于淘汰的 DDR 内存有很大的优势，已经被市场普遍接受。

3. 32 位 Rambus

Rambus 的下代产品将会有两个分支，一是用于当前系统的 16 位产品，二是用于未来系统的 32 位产品。32 位 RDRAM 内存 RIMM 插槽的连接结构与以前大致相同，只是在以往没有使用的中间部分增加了引脚。16 位 RDRAM 内存用的是 184 针插槽，而 32 位 RDRAM 内存则使用的是 232 针插槽。从 RIMM4200 模块开始，Rambus 改变了以速度来作为产品名称的习惯，以往 Rambus 内存的名称明确表明了模块的时钟频率（PC800 即 800MHz，PC1066 即 1066MHz），而从 32 位 RIMM4200 开始，采用峰值带宽来作为命名规则，因此 RIMM4200 模块的内存带宽是 4.2GB/s。

4. 内存封装技术的发展

内存的封装技术是内存制造工艺的最后一步，也是最关键一步。所谓封装，是指安装半导体集成电路芯片用的外壳，它起着安放、固定、密封、保护芯片和增强导热性能的作用，同时还是沟通芯片内部电路与外部电路的桥梁。芯片上的接点用导线连接到封装外壳的引脚上，这些引脚又通过印制电路板上的导线与其他器件建立连接。采用不同封装技术的内存条在性能上会存在较大的差异。

（1）传统的芯片封装技术

芯片的封装技术已经历经好几代的变迁，技术指标也一代比一代先进，如芯片面积与封装面积越来越接近，适用频率越来越高，耐温性能也越来越好，以及引脚数量增多、引脚间距减小、重量减小、可靠性提高、使用更加方便等等，都是看得见的变化。在 20 世纪 70 年代，芯片封装流行的还是双列直插封装，简称 DIP（Dual In-Line Package）。DIP 在当时适合 PCB（印制电路板）的穿孔安装。

TSOP 是 20 世纪 80 年代出现的 TSOP 内存第二代封装技术，它很快被业界所普遍采用，到目前为止仍旧保持着内存封装的主流地位。TSOP（Thin Small Outline Package，薄型小尺寸封装）内存封装技术的一个典型特征就是在封装芯片的周围做出引脚，如SDRAM 内存的集成电路两侧都有引脚，SGRAM 内存的集成电路四面都有引脚。TSOP 适合用 SMT（表面安装技术）。

在 PCB 上安装布线。TSOP 目前广泛应用于 SDRAM 内存的制造上，但是随着时间的推移和技术的进步，TSOP 已经越来越不适用于高频、高速的新一代内存。

20 世纪 90 年代，随着集成电路技术的进步、设备的改进和深亚微米技术的应用，芯片集成度不断提高，I/O 引脚数急剧增加，功耗也随之增大，对集成电路封装的要求也更加严格。为满足发展的需要，出现了一种新的封装方式——BGA（Ball Grid Array，球栅阵列封装）。BGA 封装技术有这样一些特点：I/O 引脚数虽然增多，但引脚间距并不小，从而提高了组装成品率。虽然它的功耗增加，但 BGA 能用可控塌陷芯片法焊接，从而可以改善它的电热性能，厚度和重量都较以前的封装技术有所减少。BGA 封装技术使每平方英寸的存储量有了很大的提高，采用 BGA 封装技术的内存产品在相同容量下，体积只有TSOP 封装的 1/3。另外，与传统 TSOP 封装方式相比，BGA 封装方式拥有更加快速和有效的散热途径。不过，BGA 封装技术仍然存在着占用基板面积较大的问题。

（2）CSP 封装技术

CSP（Chip Scale Package，芯片级封装）作为新一代的芯片封装技术，在 BGA、TSOP的基础上，性能又有了很大的提升。CSP 封装可以让芯片面积与封装面积之比超过 1：1.14，已经相当接近 1：1 的理想情况，绝对尺寸也仅有 $32mm^3$，约为普通 BGA 的 1/3，仅仅相当于 TSOP 内存芯片面积的 1/6。在相同体积下，内存条可以装入更多的芯片，从而增大单条的容量。也就是说，与 BGA 封装相比，相同空间下 CSP 封装可以将存储容量提高三倍。CSP 封装内存不但体积小，同时也更薄，其金属基板到散热体的最有效散热路径仅有 0.2mm，大大提高了内存芯片长时间运行的可靠性，线路阻抗也显著减小，芯片速度也随之得到了大幅度的提高。此外，CSP 封装内存芯片的中心引脚形式有效地缩短了信号的传输距离，其衰减随之减少，芯片的抗干扰、抗噪性能也得到了大幅度的提升。

第三节　计算机软件系统及其技术应用

一、计算机软件系统概述

所谓"软件"，是指不能直接碰触的、人们事先编译好的可供计算机执行的程序的组成。它们通常存储在计算机的存储器（如硬盘）或者内存中。

软件通常分为系统软件和应用软件两大类。

系统软件又称为系统程序，主要用来管理整个计算机系统，进行监视服务，使系统资源得到合理调度，高效运行。它包括：

①语言处理程序（如汇编程序、编译程序、解释程序等）。②操作系统（如批处理系统、分时系统、实时系统）。③服务程序（如诊断程序、调试程序、连接程序等）。④数据库管理系统等。

应用软件又称为应用程序，它是用户根据任务需要所编制的各种程序，如工业工程设计程序、科学计算程序、数据处理程序、过程控制程序、企业事务管理程序、情报检索类程序等。

尽管将计算机软件划分为系统软件和应用软件两大类，但是这种划分并不是一成不变的，一些具有通用价值的应用软件也可以归入系统软件的范畴，作为一种软件资源提供给用户使用。例如，大家常见的数据处理程序中的数据库管理系统是面向信息管理应用领域的，就其功能而言属于应用软件，但在计算机系统中需要事先配置，所以又是系统软件的一部分。

（一）系统软件

系统软件是向用户提供的一系列程序和文档资料的统称。它面向计算机的硬件，与计算机的硬件结构、逻辑功能有密切关系。它的主要功能是对整个计算机系统进行调度、管理、监视及服务等。系统软件分为操作系统、语言处理程序、系统管理与服务软件等。

1. 操作系统

操作系统是控制和管理计算机软硬件资源，以尽量合理有效的方法组织多个用户共享多种资源的程序集合。它是计算机系统中最基本的系统软件，是用户和计算机硬件之间的接口。操作系统的主要功能有：处理机管理、存储器管理、设备管理、文件管理和用户接口管理。操作系统的主要特征为：并发性、共享性、不确定性、虚拟性。常用的操作系统有：MS-DOS、Windows XP、Windows 7、Windows Server 2010、UNIX、Linux 等。

2. 语言处理程序

程序就是一系列的操作步骤，计算机程序就是由人事先规定的计算机完成某项工作的操作步骤。每一步骤的具体内容由计算机能够理解的指令来描述，这些指令告诉计算机"做什么"和"怎样做"。编写计算机程序所使用的语言称为程序设计语言。

（1）机器语言

计算机最早的语言处理程序是机器语言，它是计算机能直接识别的语言，而且速度快。机器语言是用二进制代码来编写计算机程序，因此又称二进制语言。例如用机器语言来表示"8+4"这个算式，是一串二进制码"00001000 00000100 00000100"。机器语言书写困难、记忆复杂，一般很难掌握。

（2）汇编语言

由于机器语言的缺陷，人们开始用助记符编写程序，用一些符号代替机器指令所产生的语言称为汇编语言。但是用汇编语言编写的源程序不能被计算机直接识别，必须使用某种特殊的软件将用汇编语言写的源程序翻译和连接成能被计算机直接识别的二进制代码。

汇编语言虽然采用了助记符来编写程序，比机器语言简单，但是汇编语言仍属于低级语言，它与计算机的体系结构有关，在编写程序前要花费相当多的时间和精力去熟悉机器的结构。因此工作量大，烦琐，而且程序可移植性差。

（3）高级语言

为了克服机器语言和汇编语言的缺陷，使普通人都能使用计算机语言来编写程序，人们开始研究一种既接近自然语言又简单易懂的语言。经过长时间的实践，产生了我们今天的高级语言。如 Pascal、Visual Basic、C、C++、Visual C++、Java、C#等。与汇编语言一样，计算机也不能识别用高级语言编写的源程序，它必须用某种特殊的软件将用高级语言写的源程序翻译和连接成能被计算机直接识别的二进制代码。高级语言的翻译程序有两种工作方式：解释方式和编译方式。解释方式的翻译工作由"解释程序"来完成，它对源程序的语句解释一条，执行一条，不产生目标程序。这种方式程序执行速度快，而且可以随时发现和修改源程序在解释过程中出现的问题，非常适合初学者使用。常用的解释语言有PHP、JavaScript 等。

编译方式的翻译工作由"编译程序"来完成，它是先将整个源程序都转换成二进制代码，生成目标程序，然后把目标程序连接成可执行的程序。

使用编译语言程序将整个源程序编译连接可执行的文件，这种方式效率高，可靠性高，可移植性好。不过当源程序修改后，必须重新编译。常用的编译型语言有 C、Java、C#等。

3. 系统管理与服务软件

系统管理与服务软件包括数据库管理系统、实用工具服务软件等。数据库和数据管理软件一起组成数据库管理系统。实用工具服务软件是由诊断软件、调试开发工具、文件管理专用工具、网络服务程序等组成。

（二）应用软件

应用软件是用户为了解决各自在应用领域里的具体任务而编写的各种应用程序和有关文档资料的统称。这类软件能解决特定问题。应用软件与系统软件的关系是：系统软件为应用软件提供基础和平台，没有系统软件，应用软件是无源之本，反过来应用软件又为系统服务。

常用的应用软件有以下几类：

1. 字处理软件；

2. 电子制表软件；

3. 计算机辅助设计软件；

4. 图形软件；

5. 教育软件；

6. 电子游戏。

系统软件与应用软件关系，如图 2-4 所示：

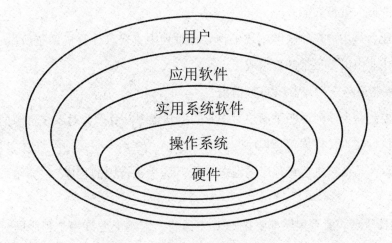

图 2-4 系统软件与应用软件关系

二、操作系统

（一）操作系统概述

操作系统是直接控制和管理计算机硬件资源和软件资源、合理组织计算机工作流程，以及方便用户使用计算机的软件集合。操作系统属于系统软件。

操作系统的基本目标主要有三个。

1. 方便用户使用计算机。操作系统为用户提供一个良好的工作环境和清晰、简洁、易于使用的友好界面。

2. 提高系统资源的利用率。操作系统尽可能地使计算机系统中的各种资源得到充分的利用。

3. 软件开发的基础。操作系统为软件开发提供有关的工具软件和其他系统资源，并提供运行环境。

（二）操作系统的功能

在操作系统中，将计算机系统称为系统资源。计算机的系统资源分为硬件资源和软件资源。硬件资源包括中央处理器（CPU）、内存储器、外部设备；软件资源则指程序和数据。

相应于计算机系统的四大资源，操作系统提供了处理器管理（又称 CPU 管理）、存储管理、设备管理、文件管理等方面的基本管理功能，此外，针对用户请求执行的程序任务，操作系统必须对其整个运行过程进行管理，因此又提供了进程及作业管理。它们构成了操作系统的五大管理功能。

所谓作业，是用户在一次解题或事物处理过程中，要求计算机系统所做工作的集合。一般，一个作业由以下三个部分组成：

作业＝控制命令序列＋程序集＋数据集

其中，控制命令序列说明了用户对作业的控制意图以及作业对系统资源的要求；程序集是作业的执行文本；数据集是程序的操作对象。

所谓进程，是计算机运行程序的动态过程，是"执行中的程序"。操作系统的五大管理功能如下：

1. 处理器管理。所有程序都要在 CPU 上运行，宏观上允许多个程序同时在计算机上运行（例如，Windows 系统的多任务），而在微观上，CPU 在某一时刻只能运行一个程序。如何分配 CPU，如何在多个任务中选择一个任务运行，运行多长时间？处理器管理的主要任务是制定对处理器的分配策略和调度策略，完成对处理器的分配、调度和回收工作。

2. 存储管理主要是内存管理。内存是系统的工作存储器，CPU 可以直接访问，程序必须进驻内存才能被 CPU 执行。内存一般比较小，需要运行的所有程序不能被完全装入，有时只能装入一部分。因此，存储管理的主要任务是制定内存的分配策略，完成对内存空间的划分、分配与回收，保护内存中的程序和数据不被破坏，解决内存的虚拟扩充问题。

3. 设备管理。在操作系统中，设备管理是最复杂的部分。外部设备的品种繁多，用法各异；各类外部设备之间以及主机与外部设备之间的速度极不匹配。因此设备管理的主要任务是：为各类外部设备提供统一的接口，制定外部设备的分配策略，完成对外部设备的分配、检测、启动和回收，负责主机与外部设备之间实际的数据传输。

4. 文件管理。对存储在外存储器上的程序与数据进行管理，又称信息管理。文件管理是操作系统的最基本功能，各种操作系统（包括最简单的单用户单任务操作系统）都想方设法地提供良好的文件管理。外存储器上的程序与数据是以文件为单位进行存储的。文件管理负责文件存储空间的组织、分配与回收，完成对文件的存储、检索、修改和删除工作，解决文件的共享、保护和保密问题。

5. 进程及作业管理。作业和进程是系统中资源的分配对象，它们都是按照"分配—使用—释放"的原则与资源发生联系。作业与进程分别是作业处理的静态和动态的两个方面。作业是静态的；进程是作业的运行过程，是动态的（进程也是系统程序的运行过程）。计算机中可以同时运行多个作业。进程及作业管理的主要任务是合理地协调、调度各个进程与各个作业之间的运行活动，使每个作业和每个进程都能有效地运行。

（三）操作系统的分类

根据操作系统的使用环境，操作系统可划分为批处理系统、分时系统和实时系统。根据操作系统的用户数目和执行任务的数目，操作系统可划分为单用户单任务操作系统、单用户多任务操作系统、多用户系统、单机系统和多机系统。根据计算机的硬件结构，操作系统可划分为网络操作系统、分布式操作系统和多媒体操作系统。

（四）DOS 操作系统概述

1. DOS 操作系统的功能和组成

DOS 的全称是 Disk Operating System，即磁盘操作系统。它是 20 世纪 80 年代微型计算机上使用最广泛的一种操作系统，其功能简单，操作也比较方便。DOS 系统属于单用户单任务操作系统，它的主要功能是进行文件管理和设备管理。

DOS 系统的组成如图 2-5 所示，它由一个引导程序和三个系统模块以及命令处理程序组成。

（1）引导程序

引导程序是在对磁盘进行格式化时写入磁盘的，它保存在磁盘的第 O 面第 O 道第 1 扇区。每当 DOS 启动时，首先进入固化的 I/O 程序 ROM BIOS，对系统进行初始化和自测试，然后进入 ROM BIOS 的 BOOT-STRAP（引导中断），读入引导程序模块。引导程序进入内存后，将 DOS 的其余部分：目录表、IO. SYS，MSDOS. SYS 装入内存，并将控制转向执行 IO. SYS.

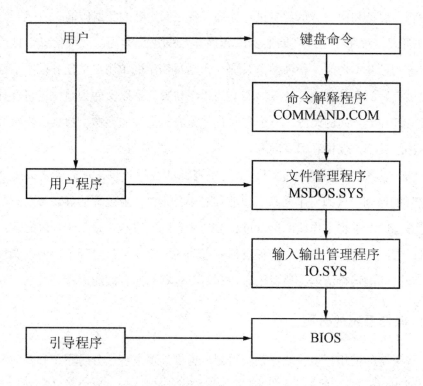

图 2-5　DOS 系统的组成

（2）输入输出管理程序（IO. SYS）

输入输出管理系统包括固化在只读存储器 ROM 中的 BIOS 和输入输出管理程序 IO. SYS，其功能是驱动和控制各种外部设备的工作。

BIOS 称为基本 IO 系统 ROM BIOS，它处于操作系统的最底层，它并没有纳入 DOS 系统模块中，而是独立出来，驻留在 ROM 中。BIOS 是直接与系统硬件打交道的软件，主要包括系统的自测试、IO 设备驱动程序、特殊功能的中断服务程序等。

IO. SYS 作为 ROM BIOS 与 MSDOS. SYS 模块之间的接口，实现将数据从外部设备读入内存或将数据从内存送到外部设备。此外，IO. SYS 还起着修改和扩充包括 BIOS 的某些功能的作用。

（3）文件管理程序（MSDOS. SYS）

文件管理程序是 DOS 系统的核心，它提供了系统与用户之间的高级接口，它的功能是管理所有的磁盘文件（包括系统程序文件、应用程序文件以及数据文件等）。MSDOS. SYS 负责完成磁盘文件的建立、删除、读写和检索，负责 IO. SYS 与 COMMAND. COM 之间的通信联系，负责提供大量的系统功能以备用户的调用。

（4）命令处理程序（COMMAND.COM）

命令处理程序是用户和 DOS 系统之间的接口，是 DOS 系统的最外层。其功能是对用户输入的 DOS 命令进行识别、解释并执行。命令处理程序包括 DOS 系统的内部命令、批文件处理程序以及装入和执行外部命令的程序等，此部分还将产生 DOS 系统的提示符。

（五）Linux 的特性

1. Linux 的优点

（1）免费

Linux 是免费的。任何人都可以从因特网上下载 Linux，不必支付任何使用费，这与商用操作系统动辄成百上千甚至几万元的价格形成了鲜明的对比。此外，现在商用操作系统升级非常频繁，每次升级，用户都必须支付一定费用，采用 Linux 后，可以随时免费升级，再也不必担心被掏空腰包了。

虽然 Linux 是一套免费的操作系统，Linux 发行版中的应用程序也大多是免费的，但免费并不意味着作者放弃了版权，事实上，这些软件都受到 GNU 通用公共许可证的保护。

（2）多任务

多任务是指一台计算机同时运行多个程序，并且互不干扰。CPU 在每一时刻只能做一件事，但它能在非常短的时间内完成一项独立的任务，转而去执行另外的任务。由于执行每个独立任务的时间非常短，人的感官根本无法察觉到存在的时间间隔，从而认为这些任务是同时执行的。

一个典型的例子可以很好地说明多任务。当你在字处理软件中编辑完一篇文章，进行打印的时候，你不必等到打印完成，就可以使用电子表格软件处理数据。电子表格软件和打印处理程序在同时运行，这就是多任务。

多任务的优点，除了减少"等待时间"之外，在打开和使用其他应用程序窗口前不必关闭当前窗口的灵活性更是大大地方便了用户。

（3）多用户

多用户是指一台计算机可以同时响应多个用户的访问请求，最显著的特点在于允许多个用户同时运行同一个应用程序。

多用户的典型例子是在网络环境下，多个用户可以在不同的计算机，同时运行服务器上的同一个应用程序。

Linux 是一个真正的多用户、多任务操作系统，既可以作为桌面操作系统满足个人用户的需求，又可以作为网络操作系统满足企业用户的需求。在提供如此强大的功能的同时，Linux 对硬件的要求却很低，既可以运行在高档计算机中，又可以运行在过时的 486 计算机上。

（4）网络能力

因特网的核心——TCP/IP 协议最初是在 Unix 的基础上建立的，两者紧密结合，因此，Unix 的网络能力优于其他操作系统。Linux 兼容 Unix，沿袭 Unix 使用 TCP/IP 作为主要的网络通信协议，内置完整的网络功能，加之高性能、高稳定性（Lnux 几乎不会"死机"），使许多企业用户采用 Linux 来架设 Web Server，FTP Server 和 Mai Server 等服务器。个人用户可以采用拨号等方式轻松地连接上因特网，尽情享受网上冲浪的乐趣。

（5）可移植性

可移植性是指将操作系统从一个硬件平台转移到另一个平台，使它仍然按其自身的方式运行的能力。Linux 可以运行在今天能够得到的所有类型的计算机上，没有一个商用操作系统的移植性能够接近这个水平。

2. Linux 的缺点

（1）缺乏技术支持

免费是一把双刃剑，既给 Linux 带来了巨大成功，也是 Linux 最致命的弱点。正因为 Linux 是免费的，所以没有一家机构愿意对它的发展负责。如果出了差错或者有了问题，只能依靠自己或者网友的帮助解决。不过，现在许多商业公司都在销售 Linux 应用程序，对于购买它们产品的用户，这些公司通常免费提供 Linux 的发行版本，并对该版本提供技术支持。

（2）缺乏应用软件

现在大多数用户习惯使用 Windows 应用软件，而这些软件很可能不能在 Linux 上使用，因此，极大地打击了用户向 Linux 迁移的积极性。

三、数据库设计技术

（一）数据库概述

1. 数据处理

数据泛指一切可以被计算机接受和处理的数字、字母和符号的集合。

在计算机领域中，所谓数据处理，是指计算机对由外部设备和终端输入的数据进行存储、整理和加工以得到新的所需要的数据的过程。它通常指大量的数据资料的计算、管理、检索和维护等。

2. 数据库

数据库（Data Base，简称DB）是存储在计算机里的有序数据集合。所谓有序数据是指按一定规则组织在一起，并且相互关联的数据。

这里所说的数据概念是广义的，它可以是数值，也可以是字符串（包含汉字串）信息。例如，图书馆是存储图书和负责借阅图书的部门，书库是各类图书的集合，不能简单地将图书馆和书库等同起来。在书库中，图书的存放应当是有组织、有结构的，如果把书籍杂乱无章地堆放在书库中，则要想从数以百万计的浩瀚书海中查找读者要借阅的一本书，就像大海捞针一样困难。因此，必须有一个完善的藏书模型。如果以书卡作为图书馆藏书模型，则可以将图书按序按类地存放于对应的书架上，使书卡与书架建立某一对应关系。这样，图书管理员就可以按书卡高效快速地查找到所需的图书。这种按一定顺序规则来组织数据的形式，在计算机上表现为存储在计算机外存储器（通常是磁盘）上的一个数据库。

3. 数据模型

在数据库中，是用数据模型（Data Model）这个工具来对信息数据进行抽象描述的。当前实际数据库中所支持的主要数据模型有层次模型、网状模型和关系模型三种，与其所对应的数据库则为层次型数据库、网状型数据库和关系型数据库。

（1）层次模型

层次模型是以记录类型为结点的有向树。在树中，称无父记录的记录为根记录，其他记录称为从属记录（或子记录）。层次模型中，除根记录外，任何记录有且只有一个父记录，每个记录可以有若干个子记录。

（2）网状模型

网状模型是以记录类型为结点的网状结构，它必须满足如下条件：可以有一个以上的结点无父结点；至少有一个结点可以有多个父结点。

网状模型和层次模型的主要差别是：网状模型至少有一个子结点可以有两个或两个以上的父结点；在两个结点之间可以有多种联系。

（3）关系模型

人们习惯用表格的形式表示信息世界中实体与实体之间联络的有关信息。

4. 数据库管理系统

数据库管理系统（Database Management System）简称DBMS，是用户和数据库之间的接口，是帮助用户建立、维护和使用数据库进行数据处理的一个软件系统。数据库的数据模型不同，管理该数据库的 DBMS 也就不同，因而数据库管理系统也有关系型 DBMS、层次型 DBMS 和网状型 DBMS 之分。而同一种模型在 DBMS 也有各种不同的具体软件实施。例如，DBASE Ⅲ、FOXPRO、ORACIE、INFORMIX、UNLX、SYBASE 等都是广泛应用于微机的关系型数据库管理系统。

（二）关系数据库

1. 关系数据库的存储结构

关系数据库的存储结构有其独特的特点，它与层次、网络数据库有着明显的不同。在层次、网络数据库中一般用文件的记录表示实体，而实体间的联系则用隐藏于系统内的物理链接方法实现。这种物理链接方法在实现时比较复杂与烦琐，使层次与网络数据库的物理存储结构显得较为复杂。关系数据库则将实体与联系的概念统一在二维表内，而这些二维表不论是实体还是联系均是明显的。在关系数据库内并不需要像其他数据库一样分别表示实体与联系，而只要表示一个概念——二维表。

在关系数据库内，一般一张二维表用一个文件表示，文件有相同的记录类型，每个记录表示二维表的一个元组，记录中的每个数据项表示元组的一个分量（属性）。在关系数据库内二维表与文件间可以建立某种一一对应的联系。

二维表集　文件系统

二维表　　文件（数据库文件）

表的框架　记录类型

元组　　　记录

属性　　　数据项（字段）

因此关系数据库可以用若干个具有上述性质的文件来表示，这就是关系数据的存储结构。这种存储结构比较简单、明了，远比层次数据库与网络数据库清楚。

为了提高关系数据库的存取效率，必须对文件组织方法做仔细的安排，一般采取建立文件索引的办法，也可以用 B 树以及建立倒排文件等方法。

2. 关系数据库设计

数据库应用系统的中心问题是数据库设计，数据库设计一般经过下列步骤：

（1）系统分析

要设计出一个有效的数据库必须用系统观点来考虑问题，从多方面对整个组织进行调查与分析，要获得每个用户对数据库的使用需求，主要包括：①信息需求，即用户要从数据库中获得的信息内容；②处理需求，即完成什么处理功能及使用什么处理方式；③安全性和完整性需求，就是对数据库必须进行详细收集和分析，包括每个数据项的名称、类型、长度、取值范围等以及数据之间的联系和语义。在系统分析基础上，可着手进行概念结构设计。概念结构是指整个组织中各个用户共同关心的信息结构，一般采用 E-R 图方法来表示。

（2）数据库逻辑设计

由于 E-R 所表示的概念结构独立于任何数据库系统的数据模型，数据库逻辑设计的任务是将概念结构转换成特定 DBMS 所支持的数据模型的过程。特别对关系数据模型，正如前面所讨论的那样，不仅可以表示 E-R 图中的实体，而且可以表示 E-R 图中的实体间的联系。这一转换过程并不困难，可借助于规范化理论来设计出具有更好性能的关系数据库数据模型。

（3）数据库物理设计

对于给定的逻辑数据模型，选取一个最适合应用环境的物理结构的过程，称为数据库物理设计。所谓数据库的物理设计主要指数据库在物理设备上的存储结构和存取方法，它完全依赖具体系统。正如前面所说的，在网络数据库系统和层次数据库系统中这部分比较复杂，而在关系数据库系统中这一部分处理是比较简单的。在确定数据库物理结构后，关键要对其在时间和空间上的效率进行评价。若评价结果满足设计要求，则可进行物理实施，否则必须返回上两步，再次修改，重新设计。

（4）数据库的实施和维护

将数据装入数据库并进行试运行，测量系统性能指标，分析其是否符合设计目标，若不符合，则返回前面几步，再次修改其逻辑结构和物理结构。

当数据库投入运行后，要进行数据库的维护，它包括安全性和完整性控制、转储、恢复、性能监督和分析、数据库再组织和重构。一般而言，一个完整的、成熟的数据库系统在这些方面都提供相应的技术支持方法，如系统安全性的维护，常用提供用户名和口令的方法来标志和鉴定用户，或用授权的方法定义用户存取权限等。

3. 三种基本关系运算

关系数据库一般都支持三种基本的关系运算，即选择（Select）、投影（Project）和连接（Join）。

选择操作是指范围选择和条件选择。常用命令中的范围选择包括 ALL、RECORD n，和 NEXT n，它们的含义分别为"全部记录""第 n 个记录"和"从当前记录开始的后 n

个记录"；其命令中的条件选择有两种，一种是 FOR<表达式>，另一种是 WHLILE<表达式>，它们的含义是当满足<表达式>所给出的条件时，执行命令所规定的操作，否则不执行命令。

投影操作是指从一张表格中抽取所需要的字段组成一张新表格（新的数据库文件）的运算，如可以从表 1-1 中，抽出第 1、第 3 字段来组成一张只有字段"工号"和"性别"的表格。

连接操作是对多张表格（即多个数据库文件）进行运算，它直接使用 JOIN 命令来完成。实际运算中，通常使用连接、选择和投影的复合操作。

第三章 计算机网络技术和Internet应用

计算机网络是一个复杂的系统，为了使复杂的系统容易实现，人们采用了分层设计的思想，从而出现了网络体系结构的概念。计算机网络的要完成两大任务，一个是数据处理，另一个是通信处理。通信处理是联网的基础，数据处理是联网的目的。

第一节 计算机网络基础分析

一、计算机网络的定义

计算机网络是当今人类最熟悉的事物之一，然而在不同的历史时期，人类对计算机网络有着不同的认识与定义。在当前的信息化时代，计算机网络的定义可以简单概括为：一些互相连接的、自治的计算机的集合。这里"互相连接"意味着互相连接的两台或两台以上的计算机能够互相交换信息，达到资源共享的目标。而所谓"自治"，具体指的是，任何一台计算机都可以独立地工作，都不受其他计算机的控制或干预，例如启动、停止等，任意两台计算机之间不需要主从关系。

通过上述定义我们容易发现，计算机网络主要涉及以下三个问题：

1. 两台或两台以上的计算机相互连接起来才能构成网络，达到资源共享的目标。

2. 两台或两台以上的计算机相互连接进行通信，就需要有一条通道，这条通道的连接是物理的，由硬件实现，这就是连接介质（有时称为信息传输介质）。它们可以是"有线"介质，也可以是"无线"介质。

3. 为了使得计算机之间能够很好地交换信息，即实现通信，就必须制定一些协议，这里的协议指的是一些能够确保计算机能够"理解"对方信息的一些约定或规则。

综上所述，我们可以给计算机网络一个更为精确的定义。即所谓计算机网络，是指利用特定设计的通信设备或通信线路，将所处地理位置不同而且彼此独立工作的多台计算机及其外部设备连接起来，使之能够按照一定的约定或规则进行信息交换的一种现代化系统，在该系统之下，人们可以利用各类计算机软件实现信息交换和资源共享。

早期面向终端的网络由于网络中的终端没有自治能力，因此在今天就不能再算作是计算机网络，而只能称为联机系统，但在那个时代，联机系统就是计算机网络。在不同的历史时期，计算机网络的定义显然会有所不同。我们有理由相信，随着计算机技术的不断发展与变迁，计算机网络的定义还会发生变化，而其功能也会越来越强大。

二、计算机网络体系结构

为了便于网络产品的开发，使网络软件、硬件的生产有标准可以遵循，使网络产品具有通用性，各大计算机公司分别制定了自己的网络标准。由于计算机网络是一个复杂的系统，网络上的两台计算机通信时要完成很多工作，为了使复杂的工作变得简单，方便网络产品的制造，计算机网络中采用了分层的设计方法，即将网络通信过程中完成的功能分解到不同的层次上，每个层次都制定相应的标准，这种分层标准的集合叫网络体系结构。

（一）网络协议

网络协议作为一种规则一般要约定三个方面的内容，称为网络协议三要素，即语义、语法和时序[①]。

1. 语义

指在数据传输中加入哪些控制信息。在网络通信中，传输的内容不仅是数据本身，为了控制数据准确无误地送达接收端，还要加入许多控制信息，如地址信息、差错控制信息、同步信息等，那么，在一个协议中，究竟加入哪些控制信息？接收方收到这些信息后作何应答？这是语义要约定的内容。

以 HDLC 协议为例，Data 是要传输的数据，为了保证数据正确送达目的端，还要加入地址信息（Address）、差错控制信息（FCSS）和同步信息（Flag）等，如图 3-1 所示。

Flag	Address	Ctrl	Data	FCSS	Flag

图 3-1 HDLC 协议的格式

2. 语法

指传输数据的格式，网络通信中传输的既有数据又有控制信息，那么，这些数据和控

① 谢希仁：《计算机网络》，电子工业出版社 2016 年版。

制信息组装成什么样的格式？这是语法要约定的内容。例如，HDLC协议的格式如图3-1所示。

3. 时序

指数据传输的次序或步骤，约定数据传输时先做什么、后做什么。例如，在HDLC协议中约定，在通信之前要先建立一个连接，并约定通信方式，然后传输数据，数据传输完毕再终止连接。

（二）协议与划分层次

如前所述，网络通信过程非常复杂，涉及计算机技术和通信技术的多个方面，如果将这些复杂的通信功能靠一两个协议实现是不可能的，为了使复杂问题简单化，人们采用了将复杂问题分解为简单问题的方法，将网络完成的任务分解成一个个小的子任务，然后针对每个子任务分别制定相应的协议，在网络术语中将这样一种任务分解的方法叫分层。

网络分层后，各层之间是有密切联系的，下层要为上层提供服务，上层的任务必须建立在下层服务的基础之上。层与层之间要设置接口，用于相邻层之间的通信。

网络的这种分层结构以及各层协议的集合称为网络体系结构。网络体系结构对网络应该实现的功能进行了精确的定义，对数据在网络中的传输过程做了全面的描述，通信双方必须具有相同的网络体系结构才能够进行通信。当然，网络体系结构只是对网络各层功能的描述，是抽象的，要实现这些功能还需要开发具体的软件和硬件、从实际情况看，低层协议主要靠硬件实现，高层协议主要靠软件实现。

下面以便于理解的邮政系统为例来说明网络体系结构的概念。

现代邮政系统也是一个复杂的系统，一封信从发信人手中最终送到收信人手中要通过邮政网络经过复杂的传输过程，需要许多人共同努力、协同工作才能实现。为了将复杂的问题简单化，将邮政系统分层，让参与信件传递的每一个人都分担一定的工作。邮政系统的分层结构如图3-2所示。通信者这一层要完成的任务是负责写信和理解信件的内容，正确地书写信封并投入信箱，而信封的格式约定、使用语言的约定等就是这一层的协议。邮递员这一层的主要任务是将用户发送的信件送到邮局，或将邮局的信件送到接收者的信箱. 取信送信的地点和需要履行的手续可以看成是这层协议的内容；邮局这一层的任务是负责检查信件的差错（地址错误、邮资不足等），对信件分拣、打包等，检错依据的标准、分拣依据的规则以及操作流程等可以看成是这一层的协议内容。最后是运输部门的运输活动，其任务就是根据目的地的地址运送信件。

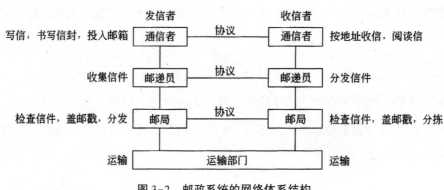

图 3-2　邮政系统的网络体系结构

三、计算机网络协议

（一）具有五层协议的体系结构

如图 3-3（a）所示，OSI 的七层协议体系结构的概念清楚，理论也较完整，但它既复杂又不实用。TCP/IP 体系结构则不同，但它现在得到了非常广泛的应用。如图 3-3（b）所示，TCP/IP 是一个四层的体系结构，但在实际应用中，网络接口层并没有实质上的作用，仅包括应用层、运输层和网际层。因此，人们往往将 OSI 和 TCP/IP 两者的优点结合起来，提出了一种包含五层协议的体系结构，如图 3-3（c）所示，这种结构能够较为简洁地阐述计算机的体系结构。有时为了方便，也可把最底下两层称为网络接口层[①]。

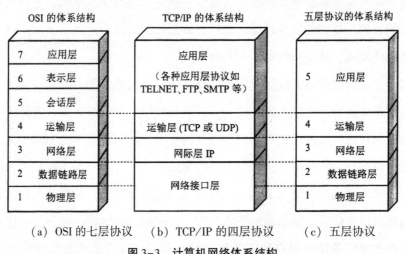

（a）OSI 的七层协议　（b）TCP/IP 的四层协议　（c）五层协议

图 3-3　计算机网络体系结构

1. 应用层（application layer）

应用层是 OSI 模型中最靠近用户的一层，它通过用户应用程序接口为用户应用程序提

---

①　张博：《计算机网络技术与应用》，清华大学出版社 2015 年版。

供服务，使用户通过网络应用程序将对网络的服务请求送到网络中来，应用程序识别并证实目的通信方的可用性，使协同工作的应用程序之间同步，建立传输错误纠正和数据完整性控制方面的机制。

2. 运输层（transport layer）

网络中数据的可靠传输是如何完成的，是运输层最关心的问题。为了提供可靠的服务，传输层提供建立、维护端到端的传输连接、传输差错校验和恢复以及信息流控制机制等机制。

顺便指出，有人愿意把运输层称为传输层，理由是这一层使用的 TCP 协议就叫作传输控制协议。从意思上看，传输和运输差别也不大。但 OSI 定义的第 4 层使用的是 Transport，而不是 Transmission。这两个字的含义还是有些差别。因此，使用运输层这个译名较为准确。

3. 网络层（network layer）

网络层负责为分组交换网上的不同主机提供通信服务。在发送数据时，网络层把运输层产生的报文段或用户数据报封装成分组或包进行传送。

4. 数据链路层（data link layer）

数据链路层在物理层连接的基础上，为网络层提供通信子网中两个相邻的通信节点间的可靠的帧（帧是数据链路层的传输单位）传输服务。另外，数据链路层还要处理相邻节点间流量控制（由于发送端发送速度快，接收端来不及接收）问题。

5. 物理层（physical layer）

物理层为数据链路层提供比特传输服务，确保比特在通信子网中从一个节点传输到另一个节点上。物理层协议主要定义传输介质接口的电气的、机械的、过程的和功能的特性，包括接口的形状、传输信号电压的高低、数据传输速率、最大传输距离、引脚的功能以及动作的次序等。

（二）TCP/IP 参考模型

前面已经说过，TCP/IP 的体系结构比较简单，它只有四层，图 3-4 给出了用这种四层协议表示方法的例子。

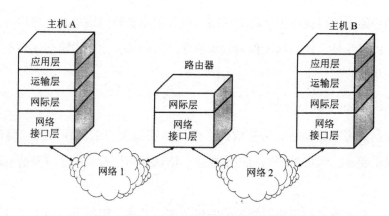

图 3-4　TCP/IP 四层协议的表示方法举例

应当指出，技术的发展并不是遵循严格的 OSI 分层概念。实际上现在的互联网使用的 TCP/IP 体系结构有时已经演变成为图 3-5 所示的那样，即某些应用程序可以直接使用 IP 层，或甚至直接使用最下面的网络接口层，图 3-5 是这种表示方法。

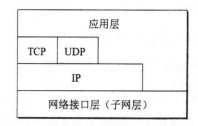

图 3-5　TCP/IP 体系结构的另一种表示方法

四、计算机网络的拓扑结构

（一）计算机网络拓扑的定义

无论现代 Internet 的结构多么庞大和复杂，它总是由许多个广域网、城域网、局域网、个人区域网互联而成的，而各种网络的结构都会具备某一种网络拓扑所共有的特征。为了研究复杂的网络结构，需要掌握网络拓扑（network topology）的基本知识。

拓扑是从图论演变而来的，是一种研究与大小和形状无关的点、线、面特点的方法。网络拓扑是抛开网络中的具体设备，把网络中的计算机、各种通信设备抽象为"点"，把网络中的通信介质抽象为"线"，从拓扑学的观点去看计算机网络，就形成了由"点"和"线"组成的几何图形，从而抽象出网络系统的具体结构。这种采用拓扑学方法描述各个节点之间的连接方式的图形，就称为网络的拓扑结构图。网络的基本拓扑结构有总线结构、环形结构、星形结构、树形结构、网状结构等。在实际构造网络时，多数网络拓扑是这些基本拓扑结构的结合。

网络拓扑结构不同，网络的工作原理就不同，网络性能也不一样。

（二）计算机网络拓扑的分类

1. 星状拓扑

星状结构是将多台计算机连在一个中心节点（如集线器）上，如图 3-6 所示。星状结构的工作方式是计算机之间通信必须通过中心节点，具体工作方式根据中心节点设备的工作方式不同而不同。如果中心节点采用集线器，工作方式与总线结构相同，任意时刻只能由一个节点发送数据，其他节点处于接收状态；如果采用交换机，则可以实现多点同时发送和接收数据。

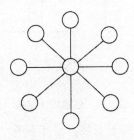

图 3-6　星形拓扑结构

星状结构的优点是结构简单，便于管理，扩展容易，容易检查，隔离故障。缺点是网络性能依赖中心节点，一旦中心节点出现故障，就会导致全网瘫痪。另外，每个节点都需要用一条专用线路与中心节点连接，线路利用率低，连线费用大。随着双绞线技术的成熟，星状结构广泛应用于家庭网络、办公室网络等小型局域网。

2. 环状拓扑

环形结构是将网上计算机连接成一个封闭的环，如图 3-7 所示。环形网络的工作方式是：网上计算机共享通信介质，任意时刻只有一台计算机发送信息，信号沿环单向传递经过每一台计算机，每台计算机都会收到信息。如果信息中的目的地址与本站地址相同就接收信息，然后再向下一站传输，否则直接传给下一站。

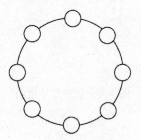

图 3-7　环形拓扑结构

环形网络的特点是两台计算机间有唯一通路，没有路径选择问题，信息流控制简单。缺点是不便于扩充，一台计算机出现故障会影响全网。令牌环网、FDDI 等网络都是环形结构。

3. 总线型拓扑

总线结构是将网上设备均连接在一条总线上，任何两台计算机之间不再单独连接，如图 3-8 所示。总线结构的工作方式是：网上计算机共享总线，任意时刻只有一台计算机用广播方式发送信息，其他计算机处于接收状态。因此要通过某种仲裁机制决定谁可以发送信息，这种机制称为介质访问控制方法。

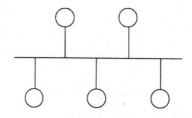

图 3-8　总线拓扑结构

总线结构的优点是结构简单，易于安装，易于扩充。总线结构的缺点是总线任务重，容易产生瓶颈问题，总线本身的故障将导致网络瘫痪。总线结构在早期的以太网中使用，随着双绞线技术的成熟，总线结构逐步被淘汰。

4. 树状拓扑

树形结构是星形结构的扩展，具有星形结构连接简单、易于扩充、易于进行故障隔离等特点，如图 3-9 所示。许多校园网、企业网都采用树形结构。树状拓扑结构的特点是节点按层次进行连接，信息交换主要在上下节点之间进行，相邻及同层节点之间通常不进行数据交换，或数据交换量比较小，树状拓扑可以看成是星形拓扑的一种扩展，树状拓扑网络适用于汇集信息。

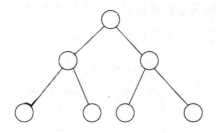

图 3-9　树形拓扑结构

5. 网状拓扑

网状结构是一种不规则的连接，通常一个节点与其他节点之间有两条以上的通路，如

图 3-10 所示。其特点是容错能力强，可靠性高，一条线路发生故障，可以经其他线路连接目的节点。其缺点是费用高，布线困难。网状结构一般用于广域网或大型局域网的主干网。

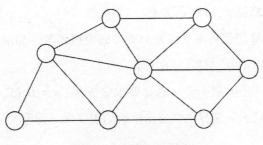

图 3-10　网状拓扑结构

第二节　计算机网络安全防护

随着 Internet 在全球的普及和发展，计算机网络成为信息的主要载体之一。计算机网络的全球互联趋势越来越明显，但与此同时，网络安全问题越发突出，受到越来越广泛的关注。计算机和网络系统不断受到侵害，侵害形式日益多样化，侵害手段和技术日趋复杂化，令人防不胜防。一方面，计算机网络提供了丰富的资源以便用户共享；另一方面，资源共享度的提高也增加了网络受威胁和攻击的可能性。事实上，资源共享和网络安全是一对矛盾，随着资源共享的加强，网络安全问题也日益突出。计算机网络的安全已成为当今信息化建设的核心问题之一。

一、数据加密技术

（一）密码学的基本概念

密码学作为数学的一个分支，是研究信息系统安全保密的科学，是密码编码学和密码分析学的统称。在密码学中，有一个五元组：{明文，密文，密钥，加密算法，解密算法}，对应的加密方案称为密码体制（或密码）。

1. 明文。明文是作为加密输入的原始信息，即消息的原始形式，通常用 m 或 p 表示。所有可能明文的有限集称为明文空间，通常用 M 或 P 来表示。

2. 密文。密文是明文经加密变换后的结果，即消息被加密处理后的形式，通常用 c 表示。所有可能密文的有限集称为密文空间，通常用 C 来表示。

3. 密钥。密钥是参与密码变换的参数，通常用 k 表示。一切可能的密钥构成的有限集称为密钥空间，通常用 K 表示。

4. 加密算法。加密算法是将明文变换为密文的变换函数，相应的变换过程称为加密，即编码的过程，通常用 E 表示，即 $c = E_k(p)$ 。

5. 解密算法。解密算法是将密文恢复为明文的变换函数，相应的变换过程称为解密，即解码的过程，通常用 D 表示，即 $p = D_k(c)$ 。

对于有实用意义的密码体制而言，总是要求它满足：$p = D_k(E_k(p))$ ，即用加密算法得到的密文总是能用一定的解密算法恢复出原始的明文来。而密文消息的获取同时依赖初始明文和密钥的值。

一般地，密码系统的模型可用图 3-11 表示。

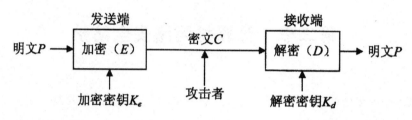

图 3-11　密码系统的模型

（二）对称密码体制

对称密码体制也称为单钥密码体制。它是指如果一个加密系统的加密密钥和解密密钥相同，或者虽然不相同，但是由其中的任意一个可以很容易地推导出另一个，即密钥是双方共享的，则该系统所采用的就是对称密码体制。形象地说就是一把钥匙开一把锁。

对称密码体制根据每次加密的数据单元的大小，又可分为序列密码和分组密码。

序列密码。序列密码也叫流密码，是用随机的密钥序列依次对明文字符加密，一次加密一个字符。流密码速度快、安全强度高。由于字符前后不相关，因此，序列密码很适合在实时性要求较高的场合使用。

分组密码。分组密码是将明文划分为长度固定的组，逐组进行加密，得到长度固定的一组密文。密文分组中的每一个字符与明文分组的每一个字符都有关。分组密码是目前应用最为广泛的一种对称密码体制。

对称加密算法使用起来简单快捷，密钥较短，加密和解密速度快，且破译困难，适合于对大量数据进行加密，但其密钥管理比较困难。这种算法可简化加密处理过程，信息交换双方都不必彼此研究和交换专用的加密算法。这种加密方法如果在交换阶段密钥未曾泄露，那么机密性和报文完整性就可以得以保证。由于要求通信双方事先通过安全信道（如邮寄、电话等）交换密钥，当系统用户很多时，非常不方便。常用的对称密钥加密算法有 DES、IDEA 等。

1. DES 算法

由 IBM 公司开发的数据加密标准（Data Encryption Standard，DES）算法，于 1977 年被美国政府定为非机密数据的数据加密标准。DES 算法是第一个向公众公开的加密算法，也是迄今为止应用得最广泛的一种商业的数据加密方案。

DES 是一个分组加密算法，对于任意长度的明文，首先对其进行分组，每组数据长度为 64 位（8 字节），然后分别对每个 64 位的明文分组进行加密。密文分组长度也是 64 位，没有数据扩展。密钥长度为 64 位（其中有 8 位为奇偶校验位），有效密钥长度为 56 位。DES 的整个体系是公开的，体系的安全性全靠密钥的保密。其加密大致分成 3 个过程：初始置换、16 轮迭代变换和逆置换。如图 3-12 所示为 DES 算法的流程图。

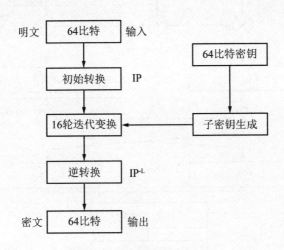

图 3-12 DES 算法的流程图

（1）DES 的加密过程

每个 64 位长度的明文分组的加密过程如下：

①DES 的分组。DES 是一种分组加密算法，每次加密或解密的分组大小均为 64 位，所以 DES 没有密文扩充问题。对大于 64 位的明文只要按每 64 位一组进行切割，而对小于 64 位的明文只要在后面补 "0" 即可。

另外，DES 所用的加密或解密密钥也是 64 位大小，但因其中有 8 个位是奇偶校验位，所以 64 位密钥中真正起作用的只有 56 位，密钥过短也是 DES 最大的缺点。

DES 加密和解密所用的算法除了子密钥的顺序不同外，其他部分完全相同。如图 3-13 所示为 DES 算法的结构图。

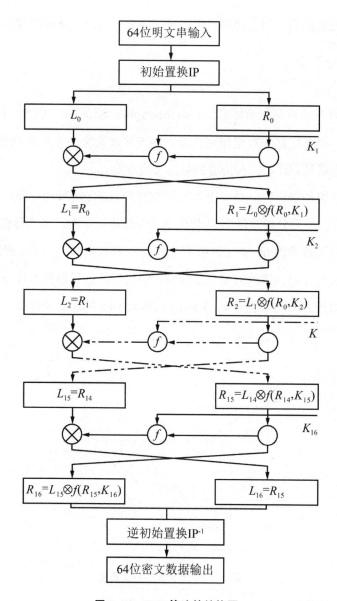

图 3-13　DES 算法的结构图

②初始置换。DES 算法处理的数据对象是一组 64 位的明文分组。设该明文分组为 $M = m_1 m_2 \cdots m_{64}$（$m_i = 0$ 或 1），输入分组按照初始转换表重排次序，进行初始置换。置换方法如下：初始置换表（表 3-1）从左到右，从上到下读取，如第一行第一列为 58，意味着将原明文分组的第 58 位置换到第 1 位，初始置换表的下一个数 50，意味着将原明文分组的第 50 位置换到第 2 位，依此类推，将原明文分组的 64 位全部置换完成。

表 3-1　初始置换表

IP	58	50	42	34	26	18	10	2
	60	52	44	36	28	20	12	4
	62	54	46	38	30	22	14	6
	64	56	48	40	32	24	16	8
	57	49	41	33	25	17	9	1
	59	51	43	35	27	19	11	3
	61	53	45	37	29	21	13	5
	63	55	47	39	31	23	15	7

③16 轮循环。DES 对经过初始置换的 64 位明文进行 16 轮类似的子加密过程，每一轮的子加密过程要经过 DES 函数 f 变换。

④终结置换。终结置换与初始置换相对应，它们都不影响 DES 的安全性，主要是为了更容易地将明文和密文数据以字节大小放入 f 算法或者 DES 芯片中。如表 3-2 所示为终结置换表，这个表的使用方法与初始置换表相同。

表 3-2　终结置换表

40	8	48	16	56	24	64	32
39	7	47	15	55	23	63	31
38	6	46	14	54	22	62	30
37	5	45	13	53	21	61	29
36	4	4H4	12	52	20	60	28
35	3	43	11	51	19	59	27
34	2	42	10	50	18	58	26
33	1	41	9	49	17	57	25

DES 按照终结置换表进行终结置换，64 位输出就是密文。

（2）子密钥的产生过程

明文和密文的位数是一致的。在每轮的子加密过程中，48 位的明文数据要与 48 位的子密钥进行异或运算，子密钥的产生过程如下：

①压缩型换位 1。64 位初始密钥根据压缩型换位 1 置换表进行置换，输出的结果为 56 位。

②将经过压缩型换位 1 的 56 位密钥数据在中间分开，每部分 28 位，左半部分记为 C，右半部分记为 D。

③16 轮循环。C 和 D 要经过 16 轮类似的操作产生 16 份子密钥，每一轮子密钥的产生过程如下：

a. 循环左移：根据循环左移表对 C 和 D 进行循环左移。循环左移后的 C 和 D 部分作为下一轮子密解除的输入数据，直到 16 轮全部完成。

b. 将 C 和 D 部分合并成为 56 位的数据。

④压缩型换位 2。56 位的输入数据根据压缩型换位 2 表输出 48 位的子密钥，这 48 位的子密钥将与 48 位的明文数据进行异或操作，如图 3-14 所示。

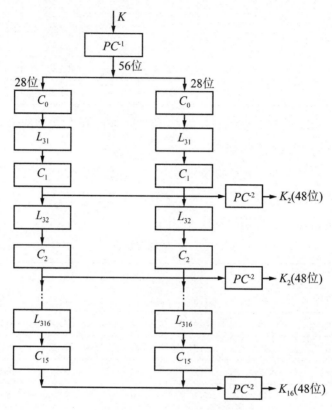

图 3-14　DES 算法子密钥生成过程

64 位的初始密钥就是使用者所持有的 64 位密钥 K，初始密钥经过 PC^{-1} 后，将初始密钥的 8 个奇偶检验位剔除，并且将留下的 56 位密钥顺序按位打乱。其下标见表 3-3。

表 3-3　压缩型换位 2 置换

	57	49	41	33	25	17	9
	1	58	50	42	34	26	18
	10	2	59	51	43	35	27
PC^{-1}	19	11	3	60	52	44	36
	63	55	47	39	31	23	15
	7	62	54	46	38	30	22
	14	6	61	53	45	37	29
	21	13	5	28	20	12	4

经过 PC^{-1}，64 位密钥被压缩成为 56 位。这 56 位密钥在中间分开，每部分 28 位，左半部分记为 C_0，右半部分记为 D_0，然后进入子密钥生成的 16 轮循环，每一轮循环将产生一个子密钥。

（3）子密钥的 16 轮循环

C_0 和 D_0 分别循环左移 1 位，得到 C_1 和 D_1。C_1 和 D_1 合并起来生成 C_1D_1，C_1D_1 经过 PC^{-2} 变换后即生成 48 位的 K_1。K_1 的下标列表见表 3-4。

表 3-4 密钥 K_1 的下标列表

	14	17	11	24	1	5
	3	28	15	6	21	10
	23	19	12	4	26	8
PC^{-2}	16	7	27	20	13	2
	41	52	31	37	47	55
	30	40	51	45	33	48
	4-4	49	39	56	34	53
	46	42	50	36	29	32

C_1、D_1 分别循环左移 L_{S_2} 位，再合并，经过 PC^{-2}，生成子密钥 K_2。依此类推，直至生成子密钥 K_{16}。注意，L_{S_i}（$i=1$，2，…，16）的值是不同的，具体见表 3-5。

表 3-5 L_{S_i}（$i=1$，2，…，16）的值

迭代顺序	1	2	3	4	5	6	7	8	9	10	11	12	13	14	15	16
左移位数	1	1	2	2	2	2	2	2	1	2	2	2	2	2	2	1

（4）DES 的解密过程

DES 的解密过程和 DES 的加密过程完全类似，只不过将 16 圈的子密钥序列 K_1，K_2，…，K_{16} 的顺序倒过来，即第一圈用第 16 个子密钥 K_{16}，第二圈用 K_{15}，其余类推。DES 解密流程的第一圈运算如图 3-15 所示。

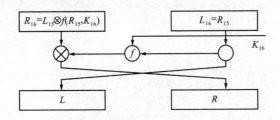

图 3-15 DES 的解密过程的第一圈

（5）DES 算法的安全性

DES 算法的安全性长期以来一直都受到人们的怀疑。第一个原因在于 DES 算法的安全性对于密钥的依赖性太强。一旦密钥泄露出去，则与密文相对应的明文内容就会暴露无遗。第

二个原因是在 DES 算法从 IBM 提交给 NSA（美国国家安全局）后，NSA 曾对该算法进行过一些改动。NSA 把密钥的长度从 112 位减到了 56 位，还直接参与设计和实现了 S 盒。

现在，由于计算机的造价越来越低，计算机的运算速度、存储容量以及与计算相关的算法都有了比较大的改进，56 位长的密钥对于保密价值高的数据来说已经不够安全了。

2. IDEA 算法

国际数据加密算法（International Data Encryption Algorithm，IDEA）是由中国学者来学嘉博士与著名密码学家 James Massey 于 1990 年提出的，最初的设计无法承受差分攻击，1992 年进行了改进，抗差分攻击的能力有了明显提高。这是近年来提出的各种分组密码中最成功的一个密码算法。

（1）IDEA 的加密过程

IDEA 是利用 128 位的密钥对 64 位的明文分组，经过连续加密（8 次）产生 64 位密文分组的对称密码体制。它针对 DES 的 64 位短密钥，使用 128 位密钥，每次加密 64 位的明文块。通过增加密钥长度，IDEA 抵御强力穷举密钥的攻击的能力有了明显提高。

IDEA 加密过程如图 3-16 所示，这里的加密函数有待加密明文和密钥两个，其中明文长度是 64 位，密钥长度为 128 位。一个 IDEA 算法由 8 次循环和一个最后的变换函数组成。在该算法中，输入会被分为 4 个 16 位的子分组。最后的变换也产生 4 个子分组，这些子分组串接起来形成 64 位密文。每个循环使用 6 个 16 位的子密钥，最后的变换使用 4 个子密钥，因此共有 52 个子密钥。

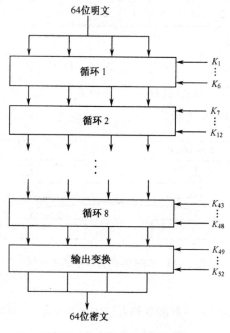

图 3-16 IDEA 的加密过程

一个单循环的加密过程如图 3-17 所示。

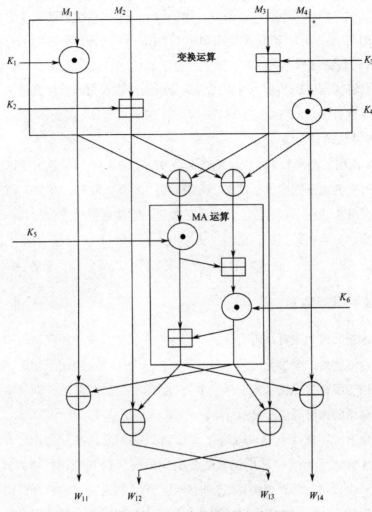

图 3-17　IDEA 一个单循环的加密过程

①变换运算。首先，利用加法及乘法运算将 4 个 16 位的明文和 4 个 16 位的子密钥混合，4 个 16 位的输出得以产生；其次，这 4 个输出又两两配对，以"异或"运算将数据混合，产生两个 16 位的输出；最后，这两个 16 位的输出又连同另外两个子密钥作为第二部分（MA）的输入。

②MA 运算。MA（Multiplication/Addition）运算先生成两个 16 位输出，接着这两个输出再与变换运算的输出以"异或"作用生成 4 个 16 位的输出。这 4 个输出将作为下一轮的输入。需要注意的是：这 4 个输出中的第 2、3 个输出 $[$ 即 $a^{\varphi(m)} \equiv 1 (\mathrm{mod} m)]$ 是经过位置交换得到的，目的是对抗差分攻击。

以上过程重复 8 次，在经过 8 次变换后，仍需要最后一次的输出变换才能形成真正的密文。最后的输出变换运算与每一轮的变换运算基本相同。

第 2、3 个输入在进行最后交换之前要经过互换位置，实际上是把第 8 轮所做的最后交换抵消掉，这是唯一差别。增加这个附加的目的是使解密具有和加密相同的结构，使设计和使用上的复杂性得以有效降低。另外，在最后一步的交换中仅需要 4 个子密钥。

③子密钥的产生。56 个 16 位的子密钥从 128 位的密钥中生成。

（2）IDEA 的解密过程

使用与加密算法同样的结构，可以将密文分组当作输入而逐步恢复明文分组。所不同的是子密钥的生成方法。

（3）IDEA 算法的安全性

由于 IDEA 使用的密钥为 128 位，基本上是 DES 的 2 倍，穷举攻击要试探 2^{128} 个密钥，若用每秒 100 万次的加密速度进行试探，大约需要 10^{13} 年。此外，在 IDEA 的设计过程中，设计者根据差分分析法在一定程度上得以有效改进，它能够抵抗差分攻击。该算法是目前已公开的最安全的分组密码算法，已经成功应用于 Internet 的 E-mail 加密系统 PGP（Pretty Good Privacy）中。当然，在今后的时间里 IDEA 仍会遭受到许多新的挑战。

（三）公钥密码体制

公钥密码体制又称为非对称密码体制，是指一个加密系统的加密密钥和解密密钥是不一样的，或者说不能由一个推导出另一个。其中，一个称为公钥用于加密，是公开的，另一个称为私钥用于解密，是保密的。其中由公钥计算私钥是难解的，即所谓的不能由一个推出另一个。典型的加密算法是 RSA 算法。

RSA 算法由 R. L. Rivest、A. Shamirt 和 L. Adleman 于 1977 年提出。算法取名 3 位教授的名字。RSA 算法作为唯一被广泛接受并实现的通用公开密钥加密方式受到了推崇，RSA 算法是第一个提出的公开密钥算法，也是至今为止最为完善的公开密钥算法之一。这个算法的基础是数论的欧拉定理，它的安全性依赖大数的因数分解的困难程度。其公钥和私钥是一对大素数的函数。从一个公钥和密文中恢复出明文的难度等价于分解两个大素数的乘积。如图 3-18 所示为 RSA 算法的模型。

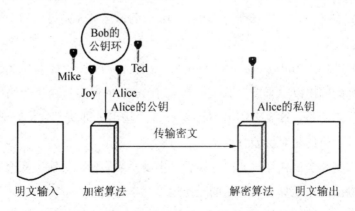

图 3-18　RSA 算法的模型

1. 欧拉定理

若整数 a 和 m 互素，则

$$a^{\varphi(m)} \equiv 1(\mathrm{mod}\,m)$$

其中，$\varphi(m)$ 是比 m 小但与 m 互素的正整数的个数。

2. RSA 算法的加密过程

（1）取两个素数 p 和 q（保密）。

（2）计算 $n = pq$（公开），$\varphi(n) = (p-1)(q-1)$（保密）。

（3）随机选取整数 e，满足 $gcd(e, \varphi(n)) = 1$（公开）。

（4）计算 d，满足 $de \equiv 1[\mathrm{mod}\,\varphi(n)]$（保密）。

利用 RSA 加密第一步须将明文数字化，并取长度小于 $\log_2 n$ 位的数字做明文块。

加密算法：

$$c = E(m) \equiv m^e(\mathrm{mod}\,n)$$

解密算法：

$$D(c) \equiv c^d(\mathrm{mod}\,n)$$

3. 密钥的产生过程

在使用公开密钥密码系统之前，每个参与者都必须产生一对密钥，这包括以下任务：

（1）确定两个素数 p 和 q。

（2）选择 e 或者 d 并且计算另外一个。

一方面，需要考虑 p 和 q 的选择。因为任何潜在的敌对方都可能知道 $n = pq$ 的值，为了防止通过穷举法发现 p 和 q，这些素数必须从足够大的集合（如 p 和 q 必须是大数）中进行选取。另一方面，找大素数的方法必须相当有效。

下面举例具体说明。

首先，用户秘密地选择两个大素数，这里为了计算方便，假设这两个素数为：$p = 7$、$q = 17$。计算出 $n = p \times q = 7 \times 17 = 119$，将 n 公开。

用户再计算出 n 的欧拉函数 $\varphi(n) = (p-1) \times (q-1) = 6 \times 16 = 96$。从 1 到 $\varphi(n)$ 之间选择一个和 $\varphi(n)$ 互素的数 e 作为公开的加密密钥（公钥），这里选择 5。

计算解密密钥 d，使用 $(d \times e)\ mod\,\varphi(n) = 1$，这里可以得到 d 为 77。

这样，将 $p = 7$ 和 $q = 17$ 丢弃。将 $n = 119$ 和 $e = 5$ 公开，作为公钥，将 $d = 77$ 保密，作为私钥。这样就可以使用公钥对发送的信息进行加密，接收者如果拥有私钥，就可以对信息进行解密了。

例如，要发送的信息为 $s=19$，那么可以通过如下计算得到密文：

$$c = s^e \bmod(n) = 19^5 \bmod(119) = 66$$

将密文 66 发送给接收端，接收者在接收到密文信息后，可以使用私钥恢复出明文：

$$s = c^d \bmod(n) = 66^{77} \bmod(119) = 66$$

例子中选择的两个素数 p 和 q 只是作为示例，并不大，但可以看到，从 p 和 q 计算 n 的过程非常简单，但从 $n=119$ 找出 $p=7$、$q=17$ 还是不大容易的。在实际应用中，p 和 q 将是非常大的素数（上百位的十进制数），那样，通过 n 找出 p 和 q 的难度将非常大，甚至接近不可能。所以这种大数分解素数的运算是一种"单向"运算，单向运算的安全性就决定了 RSA 算法的安全性。

现在还没有产生任意的大素数的有用技术，因此，解决这个问题需要其他方法。通常使用的过程是随机选取一个需要的数量级的奇数并检验这个数是不是素数。如果不是，选取后续的随机数直到找到通过检验的素数为止。

几乎所有素数的检验方法都是概率性的，也就是说，这个检验只是确定一个给定的整数可能是素数。虽然缺乏完全的确定性，但这些检验在运行时可按照需要做到使概率尽可能地接近 1.0。目前一个比较高效的算法是 Miller-Rabin 算法。在这种算法以及其他大部分算法中，检验一个给定的整数是不是素数的过程是完成涉及 n 和一个随机选取的整数 a 的计算过程。如果 n 没有通过这次检验，那么 n 就不是一个素数；如果 n 通过了这次检验，那么 n 可能是素数也可能不是。如果 n 通过了许多这种检验，其中涉及许多随机选取的现值，那么对于 n 是素数就有了很高的信心。

4. RSA 算法的安全性

如上所述，RSA 算法的安全性取决于从 n 中分解出 p 和 q 的困难程度。因此，如果能找出有效的因数分解的方法，将是对 RSA 算法的一个锐利的挑战。密码分析学家和密码编码学家一直在寻找更锐利的"矛"和更坚固的"盾"。为了增加 RSA 算法的安全性，最实际的做法就是增加 n 的长度。随着 n 的位数的增加，分解 n 将变得非常困难。

随着计算机硬件水平的发展，对一个数据进行 RSA 加密的速度将越来越快，另一方面，对以进行因数分解的时间也将有所缩短。但总体来说，计算机硬件的迅速发展对 RSA 算法的安全性是有利的，也就是说，硬件计算能力的增强，使得人们可以给 n 加大位数，而不至于放慢加密和解密运算的速度；而同样硬件水平的提高，对因数分解计算的帮助没有那么大。

二、防火墙技术

（一）防火墙的概念

互联网带来的好处是，你可以和世界上的任何一个人进行通信。互联网带来的隐患是，世界上的任何一个人也可以和你通信。如图 3-19 所示，连接在 Internet 上的黑客终端既可以与另一个连接在 Internet 上的用户终端完成数据交换过程，也可以与连接在 Internet 上的内部网络完成数据交换过程。

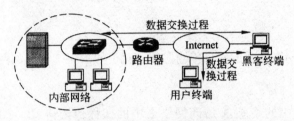

图 3-19　网络和数据交换过程

黑客终端可以通过如图 3-19 所示的数据交换过程对用户终端和内部网络实施攻击，因此，安全的网络系统既要能够保障正常的数据交换过程，又要能够阻止用于实施攻击的数据交换过程。阻止用于实施攻击的数据交换过程需要做到以下两点：一是能够在网络间传输，或者用户终端输入输出的信息流中检测出用于实施攻击的信息流；二是能够丢弃检测出的用于实施攻击的信息流。这就需要在用户终端输入输出的信息流必须经过的位置，或者内部网络与 Internet 之间传输的信息流必须经过的位置放置一个装置，这个装置具有以下功能：一是能够检测出用于实施攻击的信息流，并阻断这样的信息流；二是能够允许正常信息流通过。这样的装置称为防火墙。

安全、配置、速度是防火墙的三大要素。安全是防火墙需要提供的最基本功能，如果防火墙不能为用户提供安全保障，防火墙就失去存在的价值；为提高防火墙的安全性，需要针对不同的网络环境对防火墙进行安全配置，而配置防火墙的方法应该简单、易学、易懂，否则也会影响用户使用防火墙的效果；如果让防火墙变得"绝对安全"，可能又会影响用户使用网络的速度，让用户失去使用防火墙的兴趣，所以在安全和速度之间应该寻找一个平衡点。

（二）防火墙的工作机制

图 3-20 中的防火墙的作用是控制网络 1 与网络 2 之间传输的信息流[1]。所谓控制是指

---

[1]　沈鑫剡、俞海英、伍红兵：《网络安全》，清华大学出版社 2017 年版。

允许网络 1 与网络 2 之间传输某种类型的信息流,阻断另一种类型的信息流在网络 1 与网络 2 之间的传输过程。允许和阻断操作的依据是为防火墙配置的安全策略。

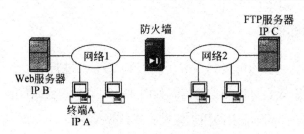

图 3-20　防火墙工作过程

1. 制定安全策略

安全策略规定了网络之间的信息传输方式,对于如图 3-2 所示的网络结构,可以定义以下安全策略:

(1) 允许网络 1 中的终端 A 访问网络 2 中的文件传输协议 (File Transfer Protocol, FTP) 服务器;

(2) 允许网络 2 中的用户 A 访问网络 1 中的 Web 服务器。

2. 实施信息传输控制

实施信息传输控制就是保证符合安全策略的访问过程能够正常进行,严禁安全策略没有许可的信息传输过程发生。为了实现这一点,要求:

(1) 两个网络之间传输的信息流必须经过防火墙;

(2) 安全策略①只允许与网络 1 中的终端 A 访问网络 2 中的 FTP 服务器相关的 IP 分组进入网络 2。防火墙根据 IP 分组的源 IP 地址 (IP A)、目的 IP 地址 (IP C) 和目的端口号 (21) 鉴别出与网络 1 中的终端 A 访问网络 2 中的 FTP 服务器相关的 IP 分组流,并允许这样的 IP 分组流进入网络 2。

(3) 安全策略②只允许与网络 2 中用户名为用户 A 的用户访问网络 1 中的 Web 服务器相关的 IP 分组进入网络 1。首先防火墙需要鉴别用户 A 的身份,用户 A 在发起对网络 1 中的 web 服务器的访问前,先向防火墙证实自己的身份,同时,需要和防火墙约定用于鉴别用户 A 发送的 IP 分组的鉴别信息,如源 IP 地址、计算鉴别首部 (AH) 的密钥 K 等,防火墙根据鉴别用户 A 身份过程中约定的鉴别信息,目的 IP 地址 (IP B) 和目的端口号 (80) 鉴别出与用户 A 访问网络 1 中的 Web 服务器相关的 IP 分组流,并允许这样的 IP 分组流进入网络 1。

（三）防火墙系统结构

1. 单宿堡垒主机

堡垒主机是由防火墙的管理人员所制定的某个系统，它是网络安全的一个关键点。在防火墙体系中，堡垒主机有一个到公用网络的直接连接，是一个公开可访问的设备，也是网络上最容易遭受入侵的设备。堡垒主机必须检查所有出入的流量，并强制实施安全策略定义的规则。内部网络的主机通过堡垒主机访问外部网络，内部网也需要通过堡垒主机向外部网络提供服务。堡垒主机通常作为应用层网关和电路层网关的服务平台。单宿堡垒主机指只有一个网络接口的设备，以应用层网关的方式运作。

在单宿堡垒主机结构中，防火墙包含两个系统：一个包过滤路由器和一台堡垒主机，如图 3-21 所示。所有外部连接只能到达堡垒主机，所有内部网的主机也把所有出站包发往堡垒主机。堡垒主机执行验证和代理的功能。这种配置比单一包过滤路由器或者单一的应用层网关更为安全。

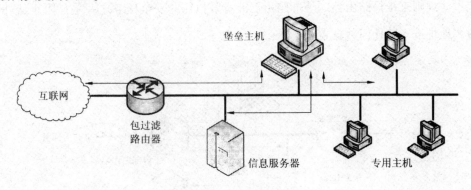

图 3-21　单宿堡垒主机

这种配置较为灵活，可以提供直接的 Internet 访问。一个例子是，内部网络可能有一个如 Web 服务器之类的公共信息服务器，在这个服务器上，高级的安全不是必需的，这样，就可以将路由器配置为允许信息服务器与 Internet 之间的直接通信。

2. 双宿堡垒主机

在单宿堡垒主机体系中，如果包过滤路由器被攻破，那么通信就可以越过路由器在 Internet 和内部网络的其他主机之间直接进行，屏蔽主机防火墙双宿堡垒主机结构在物理上防止了这种安全漏洞的产生（图 3-22）。双宿堡垒主机具有至少两个网络接口，外部网络和内部网络都能与堡垒主机通信，但是外部网络和内部网络之间不能直接通信，它们之间的通信必须经过双宿堡垒主机的过滤和控制。

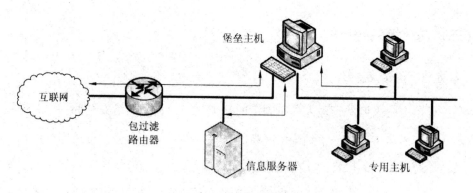

图 3-22　双宿堡垒主机

3. 屏蔽子网防火墙

屏蔽子网防火墙（图 3-23）使用了两个包过滤路由器，靠近内部网的路由器称为内部路由器，它的作用主要是保护内部的网络，它允许从内部网到外部网有选择的出站服务；靠近外部网的路由器称为外部路由器，它的作用主要是保护周边网和内部网免受来自外部网的侵犯，外部路由器一般由外部群组提供（如 Internet 供应商），可以放入一些通用数据包过滤规则来维护路由器。外部路由器能有效执行的安全任务之一是是阻止从外部网上伪造源地址进入的任何数据包。

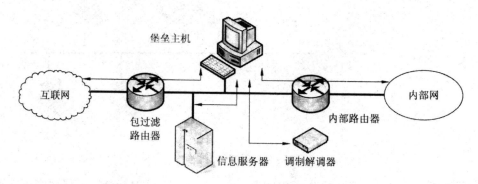

图 3-23　屏蔽子网防火墙

每一个路由器都被配置为只和堡垒主机交换流量。外部路由器使用标准过滤来限制对堡垒主机的外部访问，内部路由器则拒绝不是堡垒主机发起的进入数据包，并只把外出数据包发给堡垒主机。这种配置创造出一个独立的子网，子网可能只包括堡垒主机，也可能还包括一些公众可访问的设备和服务，比如一台或者更多的信息服务器以及为了满足拨号功能而配置的调制解调器。这个独立子网充当了内部网络和外部网络之间的缓冲区，形成一个隔离带，即所谓的非军事区（De-Militarized Zone，DMZ）。

屏蔽子网防火墙是目前最安全的防火墙之一，它支持网络层和应用层安全功能，主要用于企业的大型或中型网络。

三、入侵检测技术

计算机网络现已渗透到人们的工作和生活中，随之而来的非法入侵和恶意破坏也越发猖獗。原有的静态、被动的安全防御技术已经不能满足对安全要求较高的网络，一种动态的安全防御技术——入侵检测技术应运而生。

入侵是指在非授权的情况下，试图存取信息、处理信息或破坏系统以使系统不可靠、不可用的故意行为。网络入侵通常是指掌握了熟练编写和调试计算机程序的技巧，并利用这些技巧来进行非法或未授权的网络访问或文件访问、入侵公司内部网络的行为。早先站在入侵者的角度把对计算机的非授权访问称为破解。随着非法入侵的大量增多，从被入侵者角度出发的用以发现对计算机进行非授权访问的行为称为入侵检测。

（一）入侵检测的基本概念

入侵检测（Intrusion Detection，ID）就是通过从计算机网络或计算机系统中的若干关键点收集信息并对其进行分析，从中发现网络或系统中是否有违反安全策略的行为和遭到攻击的迹象，同时做出响应的行为。

入侵检测的过程分为以下两个步骤：

（1）信息收集，也称信息采集。收集的内容包括系统、网络、数据以及用户活动的状态和行为。需要从计算机网络系统中的若干不同关键点（不同网段和不同主机）收集信息，这除了尽可能扩大检测范围的因素外，还有一个重要的因素就是从一个源来的信息有可能看不出疑点，但从几个源来的信息的不一致性是可疑行为或入侵的标志。入侵检测一般从系统和网络日志、文件目录和文件中的不期望改变、程序执行中的不期望行为和物理形式的入侵等方面进行信息采集。

（2）数据分析。数据分析是入侵检测的核心，在这一阶段，入侵检测利用各种检测技术处理步骤（1）中收集到的信息，并根据分析结果判断检测对象的行为是否为入侵行为。[1]

（二）入侵检测技术

1. 简单模式匹配

简单模式匹配是将收集到的数据与入侵规则库（很多入侵描述匹配规则的集合）进行

---

① 王登友：《基于神经网络的入侵检测研究》，厦门大学，2018年。

逐一匹配,从而发现其中包含的攻击特征。这个过程可以很简单,如通过字符串匹配来寻找一个简单的条目或指令;也可以很复杂,如使用数学模型来表示安全的变化。

2. 专家系统

专家系统是最早的误用检测技术,早期的入侵检测系统多使用这种技术。首先要把入侵行为编码成专家系统的规则,使用类似于 if…then 的规则格式输入已有的知识(入侵检测模式)。

专家系统的优点在于把系统的推理控制过程和问题的最终解答分离,用户只须把系统看作一个自治的"黑匣子"。现在比较适用的方法是把专家系统与异常检测技术结合起来使用,构成一个以已知的入侵规则为基础、可扩展的动态入侵检测系统,自适应地进行特征与异常检测。

3. 遗传算法

遗传算法是一种优化技术,通过遗传算法可以进行特征或规则的提取和优化。它利用生物进化的概念进行问题的搜索,最终达到优化的目的。该算法在实施中,先对求解问题进行编码,产生初始群体,接着计算个体的适应度,再进行染色体复制、交换、突变等操作,便产生了新的个体。重复以上操作,直到求得最佳或较佳的个体。遗传算法在对异常检测的准确率和速度上有较大的优势,但主要的不足是不能在审计跟踪中精确地定位攻击,这一点和人工神经网络面临的问题相似。

4. 人工神经网络

人工神经网络具有自学习、自适应的能力,只要提供系统的审计数据,人工神经网络就会通过自学习从中提取正常用户或系统活动的特征模式,避开选择统计特征的困难问题。它提出了对于基于统计方法的入侵检测技术的改进方向,目前还没有成熟的产品,但该方法大有前途,值得研究。其主要不足是不能为其检测提供任何令人信服的解释。

5. 数据挖掘

数据挖掘采用的是以数据为中心的观点,它把入侵检测问题看作一个数据分析过程,从审计数据流或网络数据流中提取感兴趣的知识表示为概念、规则、规律、模式等形式,用这些知识去检测异常入侵和已知的入侵。具体的工作包括利用数据挖掘中的关联算法和序列挖掘算法提取用户的行为模式,利用分类算法对用户行为和特权程序的系统调用进行分类预测。

第三节 计算机 Internet 及应用

一、Internet 技术

Intcrnet 是连接着无数台计算机的巨型网络，它同时也是一个巨大的、不断更新和扩展的信息库。这些资源分布在世界各地的数千万台计算机上。Internet 上的信息资源浩如烟海，其内容涉及政治、经济、文化、科学、娱乐等各个方面。将这些信息按照特定的方式组织起来，存储在 Internet 上的计算机中，就可以利用各种搜索工具检索这些信息。

自从 20 世纪 60 年代创建以来，Internet 以惊人的速度发展，其用户遍及全球各个角落。由于国内计算机通信的高速发展，越来越多的人也深深地意识到有条件获得最新信息的重要性，因此连入 Internet 已成为拥有知识宝库的代名词。我们可以在 Internet 上阅读或下载各种信息，世界各地信息应有尽有，可以说 Internet 是一个取之不完、用之不尽的知识宝库。另外，可以利用 Internet 进行网上交谈、收发电子邮件、收发传真、制作个人网页、听音乐、看电影等。

（一）Internet 的概念

Internet 是由成千上万个不同类型、不同规模的计算机网络和计算机主机组成的覆盖世界范围的巨型网络。Internet 的中文名称为互联网。

从技术角度来看，Internet 包括各种计算机网络，从小型的局域网、城市规模的局域网，到大规模的局域网。计算机主机包括 PC 机、专用工作站、小型机、中型机和大型机。这些网络和计算机通过电话线、高速专用线、微波、卫星和光缆连接在一起，在全球范围内构成了一个四通八达的"网间网"。

美国联邦网络理事会对 Internet 给出如下定义：Internet 是一个全球性的信息系统；它是基于 Internet 协议（IP）及其补充部分的全球性的一个由地址空间逻辑连接而成的信息系统；它通过使用 TCP/IP 协议组及其补充部分或其他 IP 兼容协议支持通信；它公开或非公开地提供存放于通信和相关基础结构的供使用或访问控制的高级别服务。

简而言之，Internet 是指主要通过 TCP/IP 协议将世界各地的网络连接起来实现资源共享、提供各种应用服务的全球性计算机网络。

谈到 Internet 不得不介绍 WWW（万维网）的知识，因为个人计算机与 Internet 建立连接之后，就可以共享 Internet 上成千上万台计算机上的信息资源，这种信息资源大多数是指 Internet 上的万维网（www，World Wide Web）的信息。那么什么是万维网呢？

Internet 起源于美国，并由美国扩展到世界其他地方。在这个网络中，其核心的几个最大的主干网络组成了 Internet 的骨架，它们主要属于美国的 Internet 服务提供商，如 GTE、MCI、Sprint 和 AOL 等。通过主干网络之间的相互连接，建立起一个非常快速的通信网络，承担了网络上大部分的通信任务。每个主干网络间都有许多交会的结点，这些结点将下一级较小的网络和主机连接到主干网络上，这些较小的网络再为其服务区域的公司或个人提供连接服务。

从应用角度来看，Internet 是一个世界规模的巨大的信息和服务资源网络，它能够为每一个 Internet 用户提供有价值的信息和其他相关的服务。也就是说，通过使用 Internet，世界范围的人们既可以互通信息、交流思想，又可以从中获得各方面的知识、经验和信息。

（二）Internet 的接入方式

虽然 Internet 是世界上最大的网络，但它本身不是一种具体的物理网络技术。把它称为网络是网络专家们为了让大家好理解而给它加上的一种"虚拟"概念。Internet 实际上是把全世界各个地方已有的网络，包括局域网、数据通信网、公用电话交换网、分组交换网等各种广域网互联起来，从而成为一个跨越国界范围的庞大的互联网。因此，关于接入 Internet 问题，实际上是如何接入各种网络中去（属于接入网的范畴）的问题。这就是说，接入 Internet 可以通过 PSTN、ISDN、DDN、微波或卫星接入等方式。但对于最终用户来说，主要有三种方式接入这些网络中，即通过联机终端方式、SLIP 或 PPP 方式、网络方式。

1. 通过联机终端方式接入

在以联机终端的接入方式中，Internet 服务提供商（ISP）的主计算机与 Internet 直接连接，并作为 Internet 的一台主机，它可以连接若干台终端。用户的本地计算机通过通信软件的终端仿真功能连接到 ISP 的主机上并成为该主机的一台终端，经由主机系统访问 Internet。

当需要以这种方式上网时，用户则需要用通信软件的拨号功能通过调制解调器拨通 ISP 一端的调制解调器，然后根据提示输入用户账号和口令。通过账号和口令检查，用户的计算机就成为远程主机的一台终端。逻辑上，用户可以认为自己是用远程主机来查找和使用 Internet 上的资源和服务的。

由于终端接入方式是间接地将用户与 Internet 连接在一起，而真正与 Internet 连接的是

ISP 的主机系统，即用户的本地计算机与 Internet 之间没有 IP 连通性，所以这种方式只能提供有限的 Internet 服务，通常只有 E-mail、Telnet 和 FTP 等（在使用 FTP 服务时，还要实现主机到用户本地的计算机之间的下载工作），而不能享用具有多媒体功能的、图形界面的 WWW 服务。目前，由于计算机发展很快，国内个人用户接入 Internet 已经很少采用这种方式了。

2. 通过 SLIP/PPP 方式接入

（1）SLIP 协议和 PPP 协议

SLIP（Serial Line Internet Protocol）表示串行线 IP 协议。SLIP 是一个比较简单的互联网络协议，用于在拨号电话线等串行链路上进行 TCP/IP 通信。SLIP 是一种物理层协议，它不提供差错校验，对差错的检测要依赖硬件（如调制解调器）来完成，它只支持 TCP/IP 的传输，而且多数 SLIP 连接只支持静态 IP 地址的连接。

PPP（Point-to-Point Protocol）表示点对点协议，它是由 SLIP 扩充发展而来的。PPP 提供物理层和数据链路层的功能，提供对数据的差错检测功能，而且支持多种协议，包括 TCP/IP、IPX/SPX、NetBEUI 等。PPP 还支持对拨入计算机的动态配置，比如，通过 PPP 远程服务器可以为本地客户机提供一个动态 IP 地址。

（2）通过 SLIP 和 PPP 的连接

SLIP/PPP 协议可使普通电话线呈现出专线的连接特性，这样，用户就可以在本地计算机上运行 TCP/IP 软件，使本地的计算机如同 Internet 上的主机一样，具有专线连接的所有功能。也就是说，以 SLIP/PPP 方式接入的用户本地计算机是作为 Internet 的一台主机来使用的。以主机身份入网的计算机可以享有 Internet 上的全部服务。

当以 SLIP/PPP 方式接入网络时，还需要使用拨号软件，通过调制解调器与 ISP 的远程拨号服务器连接。远程拨号服务器监听到用户的请求后，提示输入个人账号和口令，然后检查输入的账号，口令是否合法。通过检查后，若用户选用动态 IP 地址，服务器还会从未分配的 IP 地址中挑选一个分配给用户的本地计算机，然后服务器就会启动本系统的 SLIP/PPP 驱动程序，设置网络接口。用户的本地系统中也会自动启动相应的 SLIP/PPP 驱动程序并设置相应的网络接口。这时就可以开始访问 Internet 了。

通过 SLIP 和 PPP 方式接入时，用户端除了应具备一条电话线、通信软件、用户账号外，对于接入不同的网络中还需要其他的设备，如连接到 PSTN 时需要调制解调器，速率可以是 33.6 kB/s 或 56 kB/ s；连接到 ISDN 时需要 ISDN 适配器。

3. 以网络方式接入

前面两种接入方式主要是针对家庭用户或小公司用户而言的。大公司、机构或科研院校等单位都有自己的局域网和非常多的网络用户，这些网络是通过多种方式如 DDN，IS-DN 和 FR 等连接到 Internet 上的。对于用户的计算机而言，都属于以网络方式接入 Inter-net。图 3-24 显示的是两个不同单位的物理网络分别通过 DDN 和 ISDN 接入 Internet 的。由于各个局域网采用的连接方式不同，连接的带宽（速率）也不相同，从 64 kb/s 到 10Mb/s 或 100 Mb/s 都有，因此，常将后者称为宽带接入。

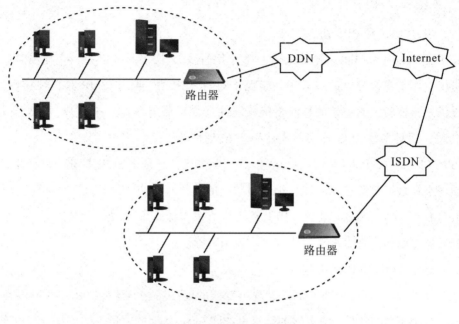

图 3-24　以网络方式接入

二、Internet 应用

Internet 采用 TCP/IP 协议将全世界不同形式的计算机联系在一起，是最大的国际性资源网络。Internet 的应用已经深入当今社会的各个角落。

（一）浏览与搜索信息

Internet 是由全球数百万台计算机组成的网络，通过浏览器连接到 Internet 上，可以访问存储在这些计算机上的大量信息，熟练使用 Internet 浏览器，网上漫游就会更加轻松自如。

用户连入 Internet 以后，要通过一个专门的 Web 客户端程序——浏览器来浏览网页。浏览器是专门用于定位和访问 Web 信息的程序或工具。网页浏览器用来显示网页服务器或档案系统内的文件，并让用户与这些文件互动。它用来显示在万维网或局域网络等内的及其他资讯。通过浏览器用户可迅速及轻易地浏览万维网（WWW）中的文字、图片、影像等各种资讯。个人计算机上常见的网页浏览器包括微软的 Internet Explorer、Mozilla 的 Firefox、Netscape 的 Navigator 及国内的傲游（Maxthon）浏览器等。浏览器是最经常使用到的 Web 客户端程序。

1. Internet Explorer 浏览器

微软公司的 Internet Explorer 浏览器（IE），以其直观的操作界面和强大稳定的功能，成为世界上最流行的浏览器软件之一。IE 支持多个实例，用户可以打开一个请求网页的传输，而在另一个正中观看已经到达的网页。除此之外，IE 还将互联网功能集成在一起。这样，用户在 IE 里使用 WWW 服务时，还能迅速使用 E-mail、FTP、News 服务等功能。IE 同时还具有 Homepage（主页）编辑功能。

2. Netscape 浏览器

Netscape 凭着优异的网络浏览功能也加入 Internet 浏览器的竞争之中。Netscape 在4.7x 版之后跳过 5.x 版而接着推出 6.x 版. Netscape 6 采用革命性的 Netscape GeckoTechnologies，完全支持 XML、CSS level1 和 DOM。而这一全新的技术不但让 Netscape 能够支持 Windows 系统，同样支持 Linux 系统。

虽然 Netscape 6 的功能比以前更多，但是安装文件却相对较小，Netscape 6 支持在线安装，并且使用者可以依照需求下载不同的元件安装，以避免下载不需要的元件而浪费时间。Netscape 的在线安装支持 Installer 仅 300K kB。Netscape Browse 只有 5.5MB，这比最简安装 7.8MB 的 IE5.0 还小. Netscape 6 一般安装只有 8.5MB，比安装同样级别的 IE5.0 小很多。

My Sidebar 是 Netscape 6 全新的功能，它位于浏览器左边类似 E 的浏览器列，只是 My sidebar 的集成性更高，能够让使用者随时追踪重要信息。My Sidebar 的强大功能包含有：超过 400 个 Netscape 选项，包括股票、新闻、月历、音乐等；集成 AOL Instant Massager-Buddy list，能够随时和朋友聊天；集成搜寻功能。Netscape 的主要工具列上增加一个 Search 按钮，使用者可以直接利用网址列来进行搜寻。

另外，知名的网络电话软件 Net2Phone 也加入 Netscape 的行列中，提供了更低价格的网络电话。

3. 搜索引擎概述

（1）搜索引擎的概念

搜索引擎是指为用户提供信息检索服务的程序，通过服务器上特定的程序把 Internet 上的所有信息分析、整理并归类，以帮助在 Internet 中搜寻到所需要的信息。在搜索引擎中，用户只须输入要搜索的信息的部分特征，例如关键字。搜索引擎会替用户在它所提供网站中自动搜索含有关键字的信息条。搜索引擎能够将用户所需的信息资源汇总起来，反馈给用户一张包含用户所提供的关键字信息的列表清单。用户可以选择列表中的任一选项，减轻了搜索的负担。

在 Internet 上搜索信息的基本步骤是：先使用搜索引擎进行粗略的搜索；然后，从搜索到的网址中挑选一些具有代表性的网址，例如权威杂志、报纸、企业或者评论，进入这些网址并浏览其网页。通过追踪网页中的超链接，逐步发现更多的网址和更多的信息。

（2）搜索引擎的分类

根据搜索方式的不同，搜索引擎分为两类：全文检索搜索引擎和目录索引搜索引擎。

全文检索搜索引擎也称关键词型搜索引擎。它通过用户输入关键词来查找所需的信息资源，这种方式直接快捷，可对满足选定条件的信息资源准确定位。

目录索引搜索引擎是把信息资源按照一定的主题分类，大类下面套着小类，一直到各个网站的详细地址，是一种多级目录结构。用户不使用关键字也可进行查询，只要找到相关目录，采取逐层打开、逐步细化的方式，就能查找到所需要的信息。

实际上，这两类搜索引擎已经相互融合，全文检索搜索引擎也提供目录索引服务，目录索引搜索引擎往往也提供关键字查询功能。

（3）著名搜索引擎简介

Internet 上的搜索引擎众多，搜索服务已成为 Internet 重要的商业模式，许多网站专门从事搜索业务，并且取得了非常突出的业绩，比如百度、谷歌等。下面仅列出一些常用的搜索引擎：

百度，网址是 http://www.baidu.com

谷歌，网址是 http://www.google.com

搜狗，网址是 http://www.sogou.com

（二）即时通信软件

即时通信（Instant Messenger，简称 IM）软件是目前我国上网用户使用率最高的软件之一，常用的软件既有老牌的 ICQ，也有国内用户量第一的腾讯 QQ 以及微软的 MSN Messenger。它们可以实现网上实时交谈和互传信息，而且还集成了数据交换、语音聊天、网络会议、电子邮件的功能。

1. IM 软件概述

1996 年 7 月，4 位以色列籍的年轻人成立了 Mirabilis 公司，同年 11 月推出了全世界第一个即时通信软件 ICQ（I seek You 的谐音），在全球即时通信市场上占有非常重要的地位。目前国内最流行的即时通信软件是 OICQ，简称 QQ。它以良好的中文界面和不断增强的功能形成了 QQ 网络文化。MSN Messenger 虽推出较晚，但依托微软的强大背景，作为 WindowsXP 的一部分，Messenger 整合了操作系统的许多功能，实力也不可小视。令人耳目一新的中文界面和注册方式，连同它强大的功能，吸引了众多网民的关注。

2. 即时通信的原理

以 QQ 为例，它是使用 UDP 协议进行发送和接收"消息"的。UDP 协议是建立在更低层的两种 IP 通信传输协议之一，是以数据报的形式，对拆分后的数据的先后到达顺序不做要求的文件传输协议。

当计算机中安装了 QQ 以后，该机既是服务端（Server）又是客户端（Client）。当登录 QQ 时 QQ 作为客户端连接到腾讯公司的主服务器上，当使用"看谁在线"功能时，QQ 又作为客户端从 QQ Server 上读取在线网友名单，当和 QQ 伙伴进行聊天时，如果对方的连接比较稳定，那么聊天内容都是以 UDP 的形式在计算机之间传送；如果与对方的连接不是很稳定，QQ 服务器将对聊天内容进行中转。其他的即时通信软件原理与此相似。

3. 即时通信软件的功能

目前常用的即时通信软件的主要功能有文字聊天、语音聊天、传送文件、远程协助、视频聊天、发送邮件、发送短信和浏览信息等，有些即时通信软件还提供了传输文件的功能，在线的双方可以传送选定的文件，等待对方的接收，接收者可以立即查看所收到的文件。

即时通信不再是一个单纯的聊天工具，它已经发展成集交流、资讯、娱乐、搜索、电子商务、办公协作和企业客户服务等为一体的综合化信息平台，是一种终端连往即时通信网络的服务。即时通信不同于 E-mail 之处是在于它的交谈是即时的。大部分的即时通信服务提供了状态信息的特性——显示联络人名单、联络人是否在线与能否与联络人交谈。

（三）电子邮件

电子邮件即 E-mail，是网络用户之间通过函件形式进行的一种通信方式，任何一台连上互联网的计算机都能够通过 E-mail 进行联系。电子邮件很实用，它是网上使用最广泛的服务之一。

互联网上的电子邮件服务采用 C/S 方式。电子邮件服务器其实就是一个电子邮局，它为用户开辟电子邮箱，用以存放从世界各地寄给该用户的邮件，同时等待用户随时上网索取。用户可以在自己的电脑上运行电子邮件客户程序，如 Microsoft Outlook、NetscapeMessenger、Foxmail 等，用以发送、接收、阅读邮件等。

（四） 文件下载和上传

在网络上下载文件已成为我们获取所需资料的一种常用手段。Windows 内置的浏览器中附有下载功能，但它单线程且不支持断点续传功能，往往令人难以接受。随着网络的迅速发展，为了解决网上下载功能的不足，先后出现了一些非常优秀的下载软件。其中迅雷是一款常用的下载工具，它采用了一种新型的下载模式 P2SP，下载时不是只依赖某个服务器，可实现多点同传的镜像下载，所以下载速度有了很大提高。迅雷在用户文件管理方面也提供了比较完备的支持，尤其是对于用户比较关注的配置、代理服务器、文件类别管理、批量下载等方面进行了扩充和完善，使得迅雷可以满足中、高级下载用户的需求。

（五） 网络电话

网络电话又称为 IP 电话，是一种基于互联网的语音通信方式，它综合了传统电信网络和互联网的特点，为通信领域带来了新的革命。

1. 网络电话概述

IP 电话是利用软件通过互联网拨打电话到另一台计算机或电话的一种通信方式，IP电话按连接方式可分为三种类型。

（1） PC to PC

通话双方同时通过计算机连入互联网，利用专用软件如 NetMeeting、MediaRing Talk，将从麦克风收集的声音通过声卡转换成数字信号，经压缩后通过网络将这些信号传送到接收方一端，再由接收方计算机上的软件将所收到的信号解压缩，通过声卡转换为模拟信号由音箱或耳机播放出来。NetMeeting 还支持视频信号的传输。

（2） PC to Phone

通话时一方利用计算机直接上网，通过 IP 电话服务器拨号到对方电话机上。以Net2Phone 软件为例，语音到电话的转换是由 Net2Phone 公司的主机通过公司的电话呼叫对方的电话完成的。

（3） Phone to Phone

这种类型又分有以下三种不同的应用形式：

通话双方都有计算机与电话直接连接，用户不必直接操作计算机，但是只能进行点对点的通话。

通话双方都不需要使用计算机，只需要各自配备上网账号和专用的 IP 电话设备，来完成电话号码与 IP 地址的互译以及拨叫、通话等功能。

IP 电话服务器支持下的"电话到电话"方式，由服务提供商提供全套服务，通话双方不需要增加任何软硬件设备，只需要利用现有电话即可实现 IP 电话功能。

2. 网络电话的工作原理

网络电话基本原理是通过语音压缩算法对语音信号进行压缩编码处理，然后把这些语音数据按 TCP/IP 标准进行打包，经过网络把数据包发送到接收端，接收端把这些语音数据包串起来，经过解码解压缩处理后恢复成原来的语音信号，从而达到由互联网传送语音的目的。

（六）网上购物

随着互联网的发展，网络上出现了大量的从事电子商务的站点，开始销售各种各样的商品，电子商务这一概念开始被越来越多的人所接受。"信用卡付账"等网上支付方式越来越流行，人们热衷于尝试全新的消费方式。

1. 网上购物的概念

网上购物，就是通过互联网检索商品信息，并通过电子订购单发出购物请求，然后填上私人支票账号或信用卡的号码，厂商通过邮购的方式发货，或是通过快递公司送货上门。国内的网上购物，一般付款方式是款到发货（直接银行转账，在线汇款，比如亿人购物商城、瑞丽时尚商品批发网）、担保交易（淘宝支付宝、百度百付宝、腾讯财付通等的担保交易）、货到付款等。

2. 网上购物的好处

对于消费者来说：

第一，可以在家"逛商店"，订货不受时间的限制；

第二，获得较大量的商品信息，可以买到当地没有的商品；

第三，网上支付较传统现金支付更加安全，可避免现金丢失或遭到抢劫；

第四，从订货、买货到货物上门无须亲临现场，既省时又省力；

第五，由于网上商品省去租店面、招雇员及储存保管等一系列费用，总的来说其价格较一般商场的同类商品更便宜。

3. 网上购物的一般流程

网上购物的一般流程是：进入购物网站的主页；进行用户注册；浏览或选取所需商品，并将所需商品加入购物车；确定商品和数量后更新购物车；去收银台结账，提交订单、收货人详细信息；进入用户登录界面，填写 E-mail 地址及密码；记下订单号、总汇款，选择汇款途径。

4. 网上购物注意事项

网上购物注意事项如下：保护好个人密码；连接要安全，保护好自己的隐私；使用安全的支付方法；检查证书和标志；检查销售条款。

5. 网上购物的安全性

网上购物一般都是比较安全的，只要按照正确的步骤做，谨慎点是没问题的。最好是在家里自己的电脑登录，并且注意杀毒软件和防火墙的开启保护及更新，选择第三方支付方式，如支付宝、财付通、百付宝等，这个需要商家支持，对于太便宜而且要预支付的行为最好不要轻信。另外，网上只是一种购买渠道，可以利用网络联系到相关卖方，然后约好进行面对面的谈判，当然要地理上有条件，而且双方要有诚意。

（七）网络游戏

1. 网络游戏的概念

网络游戏缩写为 MMOGAME，又称"在线游戏"，简称"网游"。它指以互联网为传输媒介，以游戏运营商服务器和用户计算机为处理终端，以游戏客户端软件为信息交互窗口，旨在实现娱乐、休闲、交流和取得虚拟成就的具有相当可持续性的个体化多人在线游戏。

2. 网络游戏推广

网络游戏推广初期一般都是利用搜索引擎和在大型网站上投放广告进行营销，现在市场上涌现出越来越多的网络，伴随着美国金融危机的冲击，目前国内的很多网络游戏厂商都处在竞争白热化的时期，现在更需要一种创新的推广模式来减少厂商的推广成本和提高推广效果，于是游戏推广联盟应运而生。在发展了一段时间后，它得到了广大游戏厂商和游戏玩家的认可，完全实现了游戏厂商和游戏玩家的双赢，更好地推动了我国游戏产业的发展。

3. 网络游戏产业

网络游戏产业是一个朝阳产业，经历了 20 世纪末的初期形成期阶段及近几年的快速发展，现在中国的网络游戏产业处在成长期，并快速走向成熟期。中国游戏市场潜力巨大，在未来几年内，中国将从资金投入、创造产业环境、保护知识产权以及加强对企业引导等方面对国内的游戏企业加以扶持。亚洲将是未来全球网络游戏的重要市场，而中国和日本将成为地区最大的两个在线游戏市场。

（八）网上教育

网上教育是计算机多媒体和互联网技术相结合的产物。网上教育通过网络将教师的监督与学生的自主学习有机结合起来。网上教育的最大特点是以学生为中心，在学习的地点和时间安排上，为学生提供了更自由的选择。

1. 网上教育的特点

网上教育的特点如下：双向互动，实时全交互；内容丰富和多媒体表现生动；个性化教学与主动学习；自动化远程管理。

网络教育容易造成人们对网络的过分依赖。网络教育不同于传统教育的可控制，它的无权威性、无主导性以及多元化，在带给人们信息的同时，对于尚未完全具有正确判断能力和自主分析能力的青少年来说，会影响他们身心的健康成长。由于网络快捷方便，使得青少年疏于实际的人际交往、社会活动，易使青少年的情感趋于冷漠。网络毕竟是"虚拟社会"，它与现实社会的反差会影响青少年在现实生活中的生存能力。

2. 网上教育的教学方式

网上教育主要有两种教学方式：

一是视频会议系统实时转播教学，即通过网络把在 A 教室进行的课堂教学现场传送到 B 教室，B 教室的学生可随时通过视频系统向 A 教室的老师提问。这种教学方式是传统课堂教学的延伸，优点是学生覆盖面更广，缺点是由于传播速度的限制，师生之间的双向交流不够充分。

二是上网点播教学，即把课堂教学内容摄录后，经数字压缩处理，制成教学光盘或网上节目，由学生自行点播收看。它的优点是，学生可自由选择学习时间、地点和进度，如果有不明白的地方可以多看几遍。为了保证教学质量，网上教学设立了自动答疑系统，学生可通过 E-mail、BBS 等方式提问。

第四章 大数据及其关键技术研究

"大数据"一词我们早已耳熟能详，随着互联网通信、数据信息技术的不断发展，数据量在21世纪的各个领域呈现爆发式增长，这一新态势与传统数据信息相比更加复杂化、多元化，它的出现给基础科学的构成、人类对数据信息的重视程度，甚至是人类的思维方式带来了巨大的影响，并且引发了多个学科、领域对于大数据技术及思维特征的相关研究。[①]

最早提出大数据时代已经到来的机构是全球知名咨询公司麦肯锡。根据麦肯锡全球研究所的分析，利用大数据能在各行各业产生显著的社会效益。美国健康护理产业利用大数据每年产出3 000多亿美元，年劳动生产率提高0.7%；欧洲公共管理每年价值2 500多亿欧元，年劳动生产率提高0.5%；全球个人定位数据服务提供商收益1 000多亿美元，为终端用户提供高达7 000多亿美元的价值；美国零售业净收益可增长6%，年劳动生产率提高1%；制造业可节省50%的产品开发和装配成本，营运资本下降7%。可见，大数据无处不在，已经对人们的工作、生活和学习产生了深远的影响，并将持续发展。

第一节 大数据的界定与影响

一、大数据的概念

"大数据"的概念起源于2008年9月《自然》（*Nature*）杂志刊登的名为"Big Data"的专题。2011年《科学》（*Science*）杂志也推出专刊"Dealing with Data"，对大数据的计算问题进行讨论。谷歌、雅虎、亚马逊等著名企业在此基础上，总结了他们利用积累的海量数据为用户提供更加人性化服务的方法，进一步完善了"大数据"的概念。

[①]　朱晓晶：《大数据应用研究》，四川大学出版社2021年版。

大数据又称海量数据，指的是以不同形式存在于数据库、网络等媒介上蕴含丰富信息的规模巨大的数据。

大数据的基本特征可以用 4 个 V 来总结，具体含义为：

Volume，数据体量巨大，可以是 TB 级别，也可以是 PB 级别。

Variety，数据类型繁多，如网络日志、视频、图片、地理位置信息等。

Value，价值密度低。以视频为例，连续不间断的监控过程中，可能有用的数据仅仅有一两秒。

Velocity，处理速度快，这一点与传统的数据挖掘技术有着本质的不同。

简而言之，大数据的特点是体量大、多样性、价值密度低、速度快。

二、大数据的影响

如今，数据已经成为可以与物质资产、人力资本相提并论的重要的生产要素。大数据的使用将成为未来提高竞争力、生产力、创新能力以及创造消费者价值的关键要素。

数据存储巨头 EMC 的 CEO Pat Gelsinger 透露，大数据处理目前的市场规模已达 700 亿美元并且正以每年 15%~20% 的速度增长。几乎所有主要的大科技公司都对大数据感兴趣，对该领域的产品及服务进行了大量投入。其中包括 IBM、Oracle、EMC、HP、Dell、SGI、日立、Yahoo 等，而且这个列表还在继续加长。

近年来，IBM、甲骨文、EMC、SAP 等国际 IT 巨头掀起了大数据市场的收购热潮，共花费超过 15 亿美元用于收购相关数据管理和分析厂商，也使得"大数据"（Big Data）成为继"云计算"之后又一个在 IT 界热词，成为继传统 IT 之后下一个提高生产率的技术前沿。

对大数据的利用是成为企业提高核心竞争力并抢占市场先机的关键。在未来 3 到 5 年，我们将会看到那些真正理解大数据并能利用大数据进行挖掘分析的企业和不懂得大数据价值的企业之间的差距。真正能够利用好大数据并将其价值转化成生产力的企业必将形成有力的竞争优势，奠定其行业领导者的地位。

在零售领域，对大数据的分析可以使零售商掌握实时市场动态并迅速做出应对。沃尔玛已经开始利用各个连锁店不断产生的海量销售数据，并结合天气数据、经济学、人口统计学进行分析，从而在特定的连锁店中选择合适的上架产品，并判定商品减价的时机。

在互联网领域，对大数据的分析可以为商家制定更加精准有效的营销策略提供决策支持。Facebook、eBay 等网站正在对海量的社交网络数据与在线交易数据进行分析和挖掘，从而提供点对点的个性化广告投放。

在医疗卫生领域，能够利用大数据避免过度治疗，减少错误治疗和重复治疗，从而降低系统成本，提高工作效率，改进和提升治疗质量。

在公共管理领域，能够利用大数据有效推动税收工作开展，提高教育部门和就业部门的服务效率；零售业领域通过在供应链和业务方面使用大数据，能够改善和提高整个行业的效率。

在市场和营销领域，能够利用大数据帮助消费者在更合理的价格范围内找到更合适的产品以满足自身的需求，提高附加值。

反过来，对大数据的分析、优化结果反馈到物联网等应用中，又进一步改善使用体验，并创造出巨大的商业价值、经济价值和社会价值。

甚至在公共事业领域，大数据也开始发挥不可小觑的重要作用。欧洲多个城市通过分析实时采集的交通流量数据，指导驾车出行者选择最佳路径，从而改善城市交通状况。联合国也推出了名为"全球脉动"（Global Pulse）的新项目，希望利用大数据来促进全球经济发展。

根据 IDC 和麦肯锡的大数据研究结果的总结，大数据将优先在以下四个方面挖掘出巨大的商业价值：

1. 对顾客群体进行细分，然后对每个群体量体裁衣般地采取独特的行动；

2. 运用大数据模拟实境，发掘新的需求和提高投入的回报率；

3. 提高大数据成果在各相关部门的分享程度，以及整个管理链条和产业链条的投入回报率；

4. 进行商业模式、产品和服务的创新。

第二节　大数据平台能力及其架构

一、大数据平台应具备的能力

在对大数据的定义和特征，还有大数据与传统数据的比较做过简单介绍之后，相信读者对大数据有了基本的了解。实现对大数据的管理需要大数据技术的支撑，但仅仅使用单一的大数据技术实现大数据的存储、查询、计算等不利于日后的维护与扩展，因此构建一个统一的大数据平台至关重要。下面用一张图对统一的大数据平台进行介绍，如图 4-1 所示。

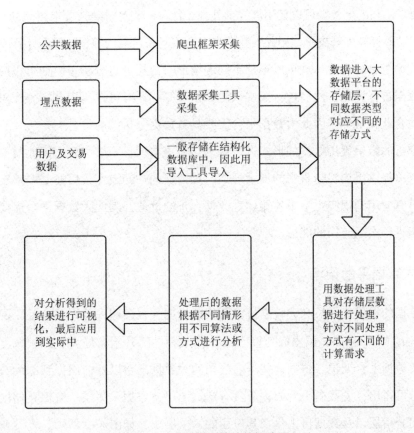

图 4-1 大数据系统的数据流图

首先要有数据来源，我们知道在大数据领域，数据是核心资源。数据的来源方式有很多，主要包括公共数据（如微信、微博、公共网站等公开的互联网数据）、企业应用程序的埋点数据（企业在开发自己的软件时会接入记录功能按钮及页面的点击等行为数据）以及软件系统本身用户注册及交易产生的相关用户及交易数据。我们对数据的分析与挖掘都需要建立在这些原始数据的基础上，而这些数据通常具有来源多、类型杂、体量大三个特点。因此，大数据平台需要具备对各种来源和各种类型的海量数据的采集能力。

在大数据平台对数据进行采集之后，就需要考虑如何存储这些海量数据的问题了，根据业务场景和应用类型的不同会有不同的存储需求。比如针对数据仓库的场景，数据仓库的定位主要是应用于联机分析处理，因此往往会采用关系型数据模型进行存储；针对一些实时数据计算和分布式计算场景，通常会采用非关系型数据模型进行存储；还有一些海量数据会以文档数据模型的方式进行存储。因此大数据平台需要具备提供不同的存储模型以满足不同场景和需求的能力。

在对数据进行采集并存储下来之后，就需要考虑如何使用这些数据了。首先需要根据业务场景对数据进行处理，不同的处理方式会有不同的计算需求。比如针对数据量非常大但是对时效性要求不高的场景，可以使用离线批处理；针对一些对时效性要求很高的场景，就需要用分布式实时计算来解决了。因此大数据平台需要具备灵活的数据处理和计算的能力。

在对数据进行处理后，就可以根据不同的情形对数据进行分析了。如可以应用机器学习算法对数据进行训练，然后进行一些预测和预警等；还有可以运用多维分析对数据进行分析来辅助企业决策等。因此大数据平台需要具备数据分析的能力。

数据分析的结果仅用数据的形式进行展示会显得单调且不够直观，因此需要把数据进行可视化，以提供更加清晰直观的展示形式。对数据的一切操作最后还是要落实到实际应用中去，只有应用到现实生活中才能体现数据真正的价值。因此大数据平台需要具备数据可视化并能进行实际应用的能力。

二、大数据平台架构

随着数据的爆炸式增长和大数据技术的快速发展，很多国内外知名的互联网企业，如国外的 Google、Facebook，国内的阿里巴巴、腾讯等早已开始布局大数据领域，它们构建了自己的大数据平台架构。根据这些著名公司的大数据平台以及前面提到的大数据平台应具有的能力可得出，大数据平台架构应具有数据源层、数据采集层、数据存储层、数据处理层、数据分析层以及数据可视化及其应用的六个层次，如图 4-2 所示。

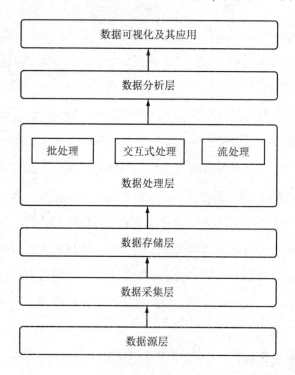

图 4-2　大数据平台架构

（一）数据源层

在大数据时代，谁掌握了数据，谁就有可能掌握未来，数据的重要性不言而喻。众多互联网企业把数据看作它们的财富，有了足够的数据，它们才能分析用户的行为，了解用户的喜好，更好地为用户服务，从而促进企业自身的发展。

数据来源一般为生产系统产生的数据，以及系统运维产生的用户行为数据、日志式的活动数据、事件信息等，如电商系统的订单记录、网站的访问日志、移动用户手机上网记录、物联网行为轨迹监控记录……如图4-3所示。

图4-3　数据源层

（二）数据采集层

数据采集是大数据价值挖掘最重要的一环，其后的数据处理和分析都建立在采集的基础上。大数据的数据来源复杂多样，而且数据格式多样、数据量大。因此，大数据的采集需要实现利用多个数据库接收来自客户端的数据，并且应该将这些来自前端的数据导入一个集中的大型分布式数据库或者分布式存储集群，同时可以在导入的基础上做一些简单的清洗工作。

数据采集用到的工具有Kafka、Sqoop、Flume、Avro等，如图4-4所示。其中Kafka是一个分布式发布订阅消息系统，主要用于处理活跃的流式数据，作用类似于缓存，即活跃的数据和离线处理系统之间的缓存。Sqoop主要用于在Hadoop与传统的数据库间进行数据的传递，可以将一个关系型数据库中的数据导入Hadoop的存储系统中，也可以将HDFS的数据导入关系型数据库中。Flume是一个高可用、高可靠、分布式的海量日志采集、聚合和传输的系统，它支持在日志系统中定制各类数据发送方，用于收集数据。Avro是一种远程过程调用和数据序列化框架，使用JSON来定义数据类型和通信协议，使用压缩二进制格式来序列化数据，为持久化数据提供一种序列化格式。

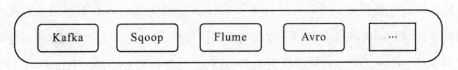

图4-4　数据采集层

（三）数据存储层

在大数据时代，数据类型复杂多样，其中以半结构化和非结构化为主，传统的关系型数据库无法满足这种存储需求。因此针对大数据结构复杂多样的特点，可以根据每种数据的存储特点选择最合适的解决方案。对非结构化数据采用分布式文件系统进行存储，对结构松散无模式的半结构化数据采用列存储、键值存储或文档存储等 NoSQL 存储，对海量的结构化数据采用分布式关系型数据库存储，如图 4-5 所示。

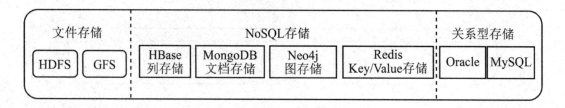

图 4-5 数据存储层

文件存储有 HDFS 和 GFS 等。HDFS 是一个分布式文件系统，是 Hadoop 体系中数据存储管理的基础，GFS 是 Google 研发的一个适用于大规模数据存储的可拓展分布式文件系统。

NoSQL 存储有列存储 HBase、文档存储 MongoDB、图存储 Neo4j、键值存储 Redis 等。HBase 是一个高可靠、高性能、面向列、可伸缩的动态模式数据库。MongoDB 是一个可扩展、高性能、模式自由的文档性数据库。Neo4j 是一个高性能的图形数据库，它使用图相关的概念来描述数据模型，把数据保存为图中的节点以及节点之间的关系。Redis 是一个支持网络、基于内存、可选持久性的键值存储数据库。

关系型存储有 Oracle、MySQL 等传统数据库。Oracle 是甲骨文公司推出的一款关系数据库管理系统，拥有可移植性好、使用方便、功能强等优点。MySQL 是一种关系数据库管理系统，具有速度快、灵活性高等优点。

（四）数据处理层

计算模式的出现有力地推动了大数据技术和应用的发展，然而，现实世界中的大数据处理问题的模式复杂多样，难以有一种单一的计算模式能涵盖所有不同的大数据处理需求。因此，针对不同的场景需求和大数据处理的多样性，产生了适合大数据批处理的并行计算框架 MapReduce，交互式计算框架 Tez，迭代式计算框架 GraphX、Hama，实时计算框架 Druid，流式计算框架 Storm、Spark Streaming，以及为这些框架可实施的编程环境和不

同种类计算的运行环境（大数据作业调度管理器 ZooKeeper、集群资源管理器 YARN 和
Mesos），如图 4-6 所示。

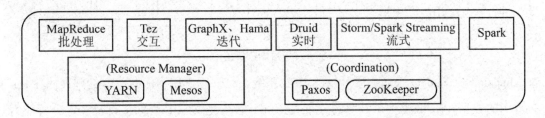

图 4-6　数据处理层

Spark 是一个基于内存计算的开源集群计算系统，它的用处在于让数据处理更加快速。
MapReduce 是一个分布式并行计算软件框架，用于大规模数据集的并行运算。Tez 是一个
基于 YARN 之上的 DAG 计算框架，它可以将多个有依赖的作业转换为一个作业，从而大
幅提升 DAG 作业的性能。GraphX 是一个同时采用图并行计算和数据并行计算的计算框
架，它在 Spark 之上提供一站式数据解决方案，可方便高效地完成一整套流水作业。Hama
是一个基于 BSP 模型（整体同步并行计算模型）的分布式计算引擎。Druid 是一个用于大
数据查询和分析的实时大数据分析引擎，主要用于快速处理大规模的数据，并能够实现实
时查询和分析。Storm 是一个分布式、高容错的开源流式计算系统，它简化了面向庞大规
模数据流的处理机制。Spark Streaming 是建立在 Spark 上的应用框架，可以实现高吞吐量、
具备容错机制的实时流数据的处理。YARN 是一个 Hadoop 资源管理器，可为上层应用提
供统一的资源管理和调度。Mesos 是一个开源的集群管理器，负责集群资源的分配，可对
多集群中的资源做弹性管理。ZooKeeper 是一个以简化的 Paxos 协议作为理论基础实现的分
布式协调服务系统，它为分布式应用提供高效且可靠的分布式协调一致性服务。

（五）数据分析层

数据分析是指通过分析手段、方法和技巧对准备好的数据进行探索、分析，从中发现
因果关系、内部联系和业务规律，从而提供决策参考。在大数据时代，人们迫切希望在由
普通机器组成的大规模集群上实现高性能的数据分析系统，为实际业务提供服务和指导，
进而实现数据的最终变现。

常用的数据分析工具有 Hive、Pig、Impala、Kylin，类库有 MLlib 和 SparkR 等，如图
4-7所示。Hive 是一个数据仓库基础构架，主要用来进行数据的提取、转化和加载。Pig
是一个大规模数据分析工具，它能把数据分析请求转换为一系列经过优化处理的 MapRe-
duce 运算。

图 4-7　数据分析层

Impala 是 Cloudera 公司主导开发的 MPP 系统，允许用户使用标准 SQL 处理存储在 Hadoop 中的数据。Kylin 是一个开源的分布式分析引擎，提供 SQL 查询接口及多维分析能力以支持超大规模数据的分析处理。MLlib 是 Spark 计算框架中常用机器学习算法的实现库。SparkR 是一个 R 语言包，它提供了轻量级的方式，使得我们可以在 R 语言中使用 Apache Spark。

（六）数据可视化及其应用

数据可视化技术可以提供更为清晰直观的数据表现形式，将数据和数据之间错综复杂的关系，通过图片、映射关系或表格，以简单、友好、易用的图形化、智能化的形式呈现给用户，供其分析使用。可视化是人们理解复杂现象、诠释复杂数据的重要手段和途径，可通过数据访问接口或商业智能门户实现，以直观的方式表达出来。可视化与可视化分析通过交互可视界面来进行分析、推理和决策，可从海量、动态、不确定，甚至相互冲突的数据中整合信息，获取对复杂情景的更深层的理解，供人们检验已有预测，探索未知信息，同时提供快速、可检验、易理解的评估和更有效的交流手段。

大数据应用目前朝着两个方向发展，一种是以营利为目标的商业大数据应用，另一种是不以营利为目的、侧重于为社会公众提供服务的大数据应用。商业大数据应用主要以 Facebook、Google、淘宝、百度等公司为代表，这些公司以自身拥有的海量用户信息、行为、位置等数据为基础，提供个性化广告推荐、精准化营销、经营分析报告等服务；公共服务的大数据应用，如搜索引擎公司提供的诸如流感趋势预测、春运客流分析、紧急情况响应、城市规划、路政建设、运营模式等得到广泛应用。

第三节　大数据 Hadoop 生态系统

Hadoop 是一个能够对大量数据进行分布式处理的大数据生态系统，具有可靠、高效、可伸缩的特点。它具有 1.3 节提到的数据采集层、数据存储层、数据处理层、数据分析层四个层次，主要是由上述四层提到的关键技术和工具组成的一个生态系统。

一、Hadoop 简介

1. 初识 Hadoop 大数据平台

Hadoop 最早起源于 Nutch。Nutch 的设计目标是构建一个大型的全网搜索引擎，包括网页抓取、索引、查询等功能，但随着抓取网页数量的增加，遇到了严重的可扩展性问题——如何解决数十亿网页的存储和索引问题。Nutch 的开发人员完成了相应的开源实现 HDFS 和 MapReduce，并从 Nutch 中剥离成为独立项目 Hadoop，到 2008 年 1 月，Hadoop 成为 Apache 顶级项目（同年，Cloudera 公司成立），迎来了它的快速发展期。从狭义上来说，Hadoop 就是单独指代 Hadoop 这个软件。从广义上来说，Hadoop 指代大数据的一个生态圈，包括很多其他的软件。

Hadoop 不是指具体一个框架或者组件，它是 Apache 软件基金会下用 Java 语言开发的一个开源分布式计算平台；实现在大量计算机组成的集群中对海量数据进行分布式计算；适合大数据的分布式存储和计算平台。Hadoop 中包括两个核心组件：MapReduce 和 Hadoop Distributed File System（HDPS）。其中 HDFS 负责将海量数据进行分布式存储，而 MapReduce 负责提供对数据的计算结果的汇总。

2. Hadoop 的优势

Hadoop 是一个能够对大数据进行分布式处理的软件框架。经过 10 多年的快速发展，Hadoop 已经形成了以下几点的优势：

（1）扩容能力（Scalable）。Hadoop 是在可用的计算机集群间分配数据并完成计算任务的，这些集群可以方便地扩展到数以千计个节点中。

（2）成本低（Economical）。Hadoop 通过普通廉价的机器组成服务器集群来分发以及处理数据，成本很低。

（3）高效率（Efficient）。通过并发数据，Hadoop 可以在节点之间动态并行的移动数据，速度非常快。

（4）可靠性（Reliable）。Hadoop 能自动维护数据的多份复制，并且在任务失败后能自动地重新部署计算任务，所以 Hadoop 的按位存储和处理数据的能力值得人们信赖。

二、Hadoop 生态系统的基础组成

图 4-8 展示了 Hadoop 生态系统的基础组成。其中数据采集层用到的工具包括 Sqoop

和 Flume，数据存储层用到的工具包括 HDFS 和 HBase，数据处理层用到的工具有 MapReduce、Tez、Spark、YARN、ZooKeeper 等，数据分析层用到的工具有 Hive、Pig、Shark 等。此外，Hadoop 还包括一些其他工具，如安装部署工具 Ambari 等。

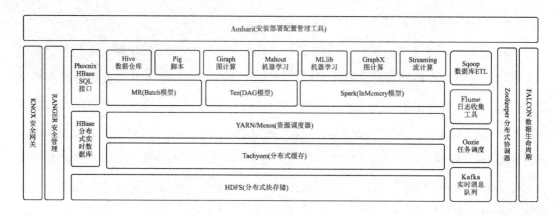

图 4-8 Hadoop 生态系统

Hadoop 本身包括 Hadoop Common、HDFS、MapReduce 和 YARN，其中 Hadoop Common 是 Hadoop 体系最底层的一个模块，为 Hadoop 各子项目提供了开发所需的 API。Hadoop 的当前版本是 3.2.0。

HDFS 是 Hadoop 分布式文件系统、Google GFS 的开源实现，是 Hadoop 体系中数据存储管理的基础，具有良好的扩展性与容错性等优点，能检测和应对硬件故障，可在低成本的通用硬件上运行。

MapReduce 是一个批处理计算引擎，用以进行大规模数据的计算，具有良好的扩展性与容错性，允许用户通过简单的 API 编写分布式程序。其中 Map 对数据集上的独立元素进行指定的操作，生成键—值对形式的中间结果；Reduce 则对中间结果中相同"键"的所有"值"进行规约，以得到最终结果。

YARN 是一个通用资源管理与调度系统，它能够管理集群中的各种资源，并按照一定的策略将资源分配给上层的各类应用，它的引入为集群在利用率、资源统一管理和数据共享等方面带来了巨大好处。

Sqoop 是关系型数据导入导出工具，是连接关系型数据库和 Hadoop 的桥梁，可以将一个关系型数据库如 MySQL，Oracle 等中的数据导入 Hadoop 的 HDFS 中，也可以将 HDFS 的数据导出到关系型数据库中。Sqoopl 的当前版本是 1.4.7，Sqoop2 的当前版本是 1.99.7。

Flume 是一个分布的、可靠的、高可用的海量日志聚合的系统，主要用于流式日志数据的收集，经过滤、聚集后加载到 HDFS 等存储系统。Flume 的当前版本是 1.9.0。

HBase 是一个可伸缩、高可靠、高性能、分布式和面向列的动态模式数据库，允许用户存储结构化与半结构化的数据，支持行列无限扩展，主要用于大规模数据的随机、实时读写访问。HBase 的当前版本是 2.1。

Tez 是基于 MapReduce 开发的通用 DAG 计算引擎，它可以将多个有依赖的作业转换为一个作业，从而大幅提升 DAG 作业的性能，能够更加高效地实现复杂的数据处理逻辑。Tez 的当前版本是 0.9.1。

Spark 是专为大规模数据处理而设计的快速通用的 DAG 计算引擎，它的中间输出结果可以保存在内存中，因此用户可以充分利用内存进行快速的数据挖掘和分析。Spark 的当前版本是 2.4.0。

ZooKeeper 是一个为分布式应用所设计的开源协调服务，主要解决分布式环境下的数据管理问题，从而简化分布式应用协调及管理的难度，提供高性能的分布式服务。ZooKeeper 的当前版本是 3.5.4。

Hive 是一个基于 MapReduce/Tez 实现的 SQL 引擎，可以将结构化的数据文件映射为一张数据库表，然后通过类 SQL 语句快速实现简单的 MapReduce 统计。Hive 的当前版本是 3.1.1。

Pig 是一个基于 MapReduce/Tez 实现的工作流引擎，它提供 Pig Latin 语言，该语言将脚本转换为一系列经过优化处理的 MapReduce 运算。Pig 的当前版本是 0.17.0。

Shark 是一个数据分析系统，目前已被纳入 Spark SQL-23]。Spark SQL 是基于 Spark 内部实现的 SQL 引擎，主要用于分析处理结构化数据，它本身是 Spark 处理数据的一个模块，因此它的当前版本也为 2.4.0。

Oozie 是运行在 Hadoop 平台上的一种工作流调度引擎系统，主要用于管理和协调 Hadoop 任务，它还是一个 Java Web 应用程序，运行在 Java Servlet 容器中。Oozie 的当前版本是 5.1.0。

Ambari 是开源的 Hadoop 平台管理软件，支持 Hadoop 集群的安装、管理和监控，提供了对 Web UI 进行可视化的集群管理，简化了大数据平台的安装和使用难度。Ambari 的当前版本是 2.7.3。

三、Hadoop 应用分析

Hadoop 采用分而治之的计算模型，以对海量数据排序为例，对海量数据进行排序时可以参照编程快速排序法的思想。快速排序法的基本思想是在数列中找出适当的轴心，然后将数列一分为二，分别对左边与右边数列进行排序。

1. 传统的数据排序方式

传统的数据排序就是使一串记录按照其中的某个或某些关键字的大小、递增或递减的排列起来的操作。排序算法是如何使得记录按照要求排列的方法。排序算法在很多领域得到相当的重视，尤其是在大量数据的处理方面。一个优秀的算法可以节省大量的资源。在各个领域中考虑到数据的各种限制和规范，要得到一个符合实际的优秀算法，须经过大量的推理和分析。

下面以快速排序为例，对数据集合 $a(n)$ 从小到大的排序步骤如下：

（1）设定一个待排序的元素 $a(x)$。

（2）遍历要排序的数据集合 $a(n)$，经过一轮划分排序后在 $a(x)$ 左边的元素值都小于它，在 $a(x)$ 右边的元素值都大于它。

（3）再按此方法对 $a(x)$ 两侧的这两部分数据分别再次进行快速排序，整个排序过程可以递归进行，以此达到整个数据集合变成有序序列。

2. Hadoop 的数据排序方式

设想将数据 $a(n)$ 分割成 M 个部分，将这 M 个部分送去 MapReduce 进行计算，自动排序，最后输出内部有序的文件，再把这些文件首尾相连合并成一个文件，即可完成排序。[①]

第四节　大数据的关键技术分析

大数据技术的实质是在不同类型的数据中迅速提取有价值的数据信息。在大数据的实际应用中存在许多高新技术，真是这些技术保证了大数据的采集、存储、挖掘和呈现。

一、大数据采集与预处理

随着大数据时代的到来，对大数据的挖掘与分析已经成为当今的研究热点，而数据采集是大数据挖掘和分析的基础。因此，有效的数据采集与预处理技术对大数据挖掘研究具有十分重要的意义。

---

① 娄岩：《大数据应用基础》，中国铁道出版社 2018 年版。

（一）数据采集渠道

大数据的数据采集是在确定用户目标的基础上，针对该范围内所有结构化、半结构化和非结构化的数据的采集。采集后对这些数据进行处理，从中分析和挖掘出有价值的信息。在大数据的采集过程中，其主要特点和面临的挑战是成千上万的用户同时进行访问和操作而引起的高并发数。如12306火车票售票网站在2015年春运火车票售卖的最高峰时，网站访问量（PV值）在一天之内达到破纪录的297亿次。

在专家指导下，利用高性能计算体系结构进行的成指数增长的数据采集，是一个不断增长的分析大数据的过程。高性能的数据采集和数据分析，展示了高性能计算的最新趋势，即全面可视化图形体系结构。主要包括大数据、高性能计算分析、大规模并行处理数据库、内存分析、实现大数据平台的机器学习算法、文本分析、分析环境、分析生命周期和一般应用，以及各种不同的情况。提供保险的业务分析、预测建模和基于事实的管理，包括案例，研究和探讨高性能计算架构相关数据和发展趋势。

大数据出现之前，计算机所能够处理的数据都需要在前期进行相应的结构化处理，并存储在相应的数据库中。但大数据技术对于数据的结构要求大大降低，互联网上人们留下的社交信息、地理位置信息、行为习惯信息、偏好信息等各种维度的信息都可以实时处理。

大数据的采集渠道多种多样。例如，在健康医疗领域，数据的采集渠道除了信息系统及平台外，还可以通过移动App、智能终端、大型医疗设备、健康监测设备、基因测序仪和可穿戴设备等多种方式进行采集。

按照来源划分，大数据的三大主要来源为商业数据、互联网数据与物联网数据。

1. 商业数据

商业数据是指来自企业ERP系统、各种POS终端及网上支付系统等业务系统的数据，是现在最主要的数据来源渠道。

世界上最大的零售商沃尔玛每小时收集到2.5PB数据，存储的数据量是美国国会图书馆的167倍。沃尔玛详细记录了消费者的购买清单、消费额、购买日期、购买当天天气和气温，通过对消费者的购物行为等非结构化数据进行分析，发现商品关联，并优化商品陈列。沃尔玛不仅采集这些传统商业数据，还将数据采集的触角伸入社交网络数据中。当用户在Facebook和Twitter谈论某些产品或者表达某些喜好时，这些数据都会被沃尔玛记录下来并加以利用。

2. 互联网数据

互联网数据是指网络空间交互过程中产生的大量数据，包括通信记录及 QQ、微信、微博等社交媒体产生的数据，其数据复杂且难以被利用。例如，社交网络数据所记录的大部分是用户的当前状态信息，同时记录着用户的年龄、性别、所在地、教育、职业和兴趣等。

互联网数据具有大量化、多样化、快速化等特点。

（1）大量化：在信息化时代背景下网络空间数据增长迅猛，数据集合规模已实现从 GB 到 PB 的飞跃，互联网数据则需要通过 ZB 表示。在未来互联网数据的发展中还将实现近 50 倍的增长，服务器数量也将随之增长，以满足大数据存储需求。

（2）多样化：互联网数据的类型多样化。互联网数据中的非结构化数据正在飞速增长，据相关调查统计，在 2012 年底非结构化数据在网络数据总量中占 77% 左右。非结构化数据的产生与社交网络以及传感器技术的发展有着直接联系。

（3）快速化：互联网数据一般情况下以数据流形式快速产生，且具有动态变化性特征，其时效性要求用户必须准确掌握互联网数据流才能更好地利用这些数据。

3. 物联网数据

物联网是指在计算机互联网的基础上，利用射频识别、传感器、红外感应器、无线数据通信等技术，构造一个覆盖世界上万事万物的 The Internet of Things，也就是"实现物物相连的互联网络"。其内涵包含两方面：一是物联网的核心和基础仍是互联网，是在互联网基础之上延伸和扩展的一种网络；二是其用户端延伸和扩展到了任何物品与物品之间，进行信息交换和通信。物联网的定义是：通过射频识别（Radio Frequency Identification，RFID）装置、传感器、红外感应器、全球定位系统、激光扫描器等信息传感设备，按约定的协议，把任何物品与互联网相连接，以进行信息交换和通信，从而实现智慧化识别、定位、跟踪、监控和管理的一种网络体系。

物联网数据是除了人和服务器之外，在射频识别、物品、设备、传感器等结点产生的大量数据。包括射频识别装置、音频采集器、视频采集器、传感器、全球定位设备、办公设备、家用设备和生产设备等产生的数据。物联网数据的特点主要包括：

（1）物联网中的数据量更大。物联网的最主要特征之一是结点的海量性，其数量规模远大于互联网；物联网结点的数据生成频率远高于互联网，如传感器结点多数处于全时工作状态，数据流是持续的。

（2）物联网中的数据传输速率更高。由于物联网与真实物理世界直接关联，很多情况下需要实时访问，控制相应的结点和设备，因此需要提高数据传输速率来支持。

（3）物联网中的数据更加多样化。物联网涉及的应用范围广泛，包括智慧城市、智慧交通、智慧物流、商品溯源、智能家居、智慧医疗、安防监控等；在不同领域、不同行业，需要面对不同类型、不同格式的应用数据，因此物联网中数据多样性更为突出。

（4）物联网对数据真实性的要求更高。物联网是真实物理世界与虚拟信息世界的结合，其对数据的处理以及基于此进行的决策将直接影响物理世界，物联网中数据的真实性显得尤为重要。

（二）数据采集方法

通过不同渠道进行数据采集时，所运用的采集方法各有不同。例如，采集网络数据，主要是利用网络爬虫或网站公开 API 等方式来获取网站的数据，进而在网页在提取相关非结构化数据，支持图片、音频、视频等文件或附件的采集，附件与正文可以自动关联。除了网络中包含的内容之外，对于网络流量的采集，可以使用 DPI 或 DFI 等带宽管理技术进行处理；对于系统日志的采集，很多企业都有自己的海量数据采集工具，例如 Hadoop 的 Chukwa，Apache 的 Flume，Facebook 的 Scribe 等，这些工具均采用分布式架构，能满足每秒数百兆比特的日志数据的采集和传输需求。

（三）数据预处理技术

在进行数据分析工作之前，一般需要对数据做必要的处理，这称之为数据预处理。数据预处理工作在多数情况下是十分必要的。

1. 大数据处理流程

大数据的多样性决定了经过多种渠道获取的数据种类和数据结构都非常复杂，这就给之后的数据分析和处理带来了极大的困难。通过大数据的预处理这一步骤，将这些结构复杂的数据转换为单一的或便于处理的结构，可以为以后的数据分析打下良好的基础。由于所采集的数据里并不是所有的信息都是必需的，而是掺杂了很多噪声和干扰项，因此还需要对这些数据进行"去噪"和"清洗"，以保证数据的质量和可靠性。常用的方法是在数据处理的过程中设计一些数据过滤器，通过聚类或关联分析的规则方法将无用或错误的离群数据挑出来过滤掉，防止其对最终数据结果产生不利影响，然后将这些整理好的数据进行集成和存储。现在一般的解决方法是针对特定种类的数据信息分门别类地放置，可以有效地减少数据查询和访问的时间，提高数据提取速度。大数据处理流程如图 4-9 所示。

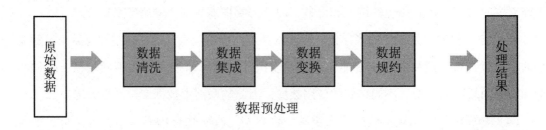

图4-9 大数据处理流程

大数据预处理的方法主要包括数据清洗、数据集成、数据变换和数据规约。

（1）数据清洗

数据清洗是在汇聚多个维度、多个来源、多种结构的数据之后，对数据进行抽取转换和集成加载。在这个过程中，除了更正、修复系统中的一些错误数据之外，更多的是对数据进行归并整理，并存储到新的存储介质中。

大数据的清洗工具主要有 Data Wrangler 和 Google Refine 等。Data Wrangler 是一款由斯坦福大学开发的在线数据清洗、数据重组软件，主要用于去除无效数据，将数据整理成用户需要的格式等。Google Refine 设有内置算法，可以发现一些拼写不一样但实际上应分为一组的文本。除了数据管家功能，Google Refine 还提供了一些有用的分析工具，例如排序和筛选。

（2）数据集成

在大数据领域中，数据集成技术也是实现大数据方案的关键组件。大数据集成是将大量不同类型的数据原封不动地保存在原地，而将处理过程适当地分配给这些数据。这是一个并行处理的过程，当在这些分布式数据上执行请求后，需要整合并返回结果。

大数据集成，狭义上讲是指如何合并规整数据；广义上讲是指数据的存储、移动、处理等与数据管理有关的活动。大数据集成一般需要将处理过程分布到源数据上进行并行处理，并仅对结果进行集成。这是因为，如果预先对数据进行合并会消耗大量的处理时间和存储空间。集成结构化、半结构化和非结构化的数据时需要在数据之间建立共同的信息联系，这些联系可以表示为数据库中的主数据或者键值、非结构化数据中的元数据标签或者其他内嵌内容。

目前，数据集成已被推至信息化战略规划的首要位置。要实现数据集成的应用，不仅要考虑集成的数据范围，还要从长远发展角度考虑数据集成的架构能力和技术等方面内容。

（3）数据变换

数据变换是将数据转换成适合挖掘的形式。数据变换采用线性或非线性的数学变换方法将多维数据压缩成较少维数的数据，消除它们在时间、空间，属性及精度等特征表现方面的差异。

（4）数据规约

数据规约是从数据库或数据仓库中选取并建立使用者感兴趣的数据集合，然后从数据集合中滤掉一些无关、偏差或重复的数据。

2. 数据中的异常值和缺失值

在数据整理的过程中，数据中的异常值和缺失值比较常见，虽然这是数据采集人员和统计工作人员最不愿意见到的，但又是无法完全避免的情况。

异常值一方面可以根据专业知识判别，比如血压值接近于零是明显的不合理数据。此外，数值过度偏离均值可能就是异常值，如果不做处理会对最终结果造成影响。

缺失值产生的原因有很多，包括主观原因（如主观失误、历史局限等），以及客观原因（如失访、实验仪器失效等）。当缺失值总数较小时，大多数统计方法都会采取将缺失值直接删除的做法，此时对最终的分析结果影响不大。但是，当缺失值数量较大时，简单地删除缺失值会丢失大量的数据信息，基于此种做法有可能会得到错误的结论。

二、大数据存储技术

在大数据时代的背景下，海量的数据整理成为各个企业亟须解决的问题。云计算、物联网等技术快速发展，多样化已经成为数据信息的一项显著特点，为充分发挥信息应用价值，有效存储已经成为人们关注的热点。

为了有效应对现实世界中复杂多样性的大数据处理需求，需要针对不同的大数据应用特征，从多个角度、多个层次对大数据进行存储和管理。

（一）HDFS 分布式文件系统

HDFS 是 Hadoop 框架的分布式并行文件系统，它负责数据的分布式存储及数据的管理，并能提供高吞吐量的数据访问。

1. HDFS 的结构

HDFS 的体系框架是 Master/Slave 结构，一个典型的 HDFS 通常由单个 NameNode 和多个 DataNode 组成。NameNode 是中心服务器，负责文件系统的命名空间的操作。集群中的 DataNode 是一个节点部署一个，负责管理它所在节点上的存储。HDFS 暴露了文件系统的命名空间，用户能够以文件的形式在上面存储数据。

文件在 HDFS 中的存储结构如图 4-10 所示。

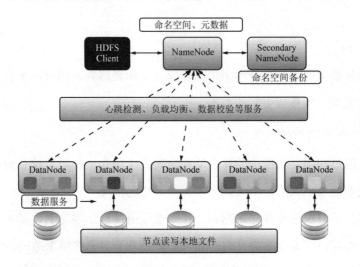

图 4-10 文件在 HDFS 中的存储结构

2. HDFS 的数据接入方式

FTP 接入：支持通过标准的 FTP 协议和 FTP 客户端直接访问 HDFS 文件。

NFS 接入：支持通过标准的 NFS 协议和 NFS 客户端直接访问 HDFS 文件。

3. HDFS 的数据均衡

Hadoop 集群中，包含一个 Balancer 程序，通过运行这个程序，可以使 HDFS 集群达到一个平衡的状态。

（1）支持 DataNode 负载均衡，根据全局数据量及集群状态均衡 DataNode 上的数据块负载。一般情况下，数据在录入集群时就进行负载均衡，根据各个节点的情况来做数据平衡分发存放。

（2）支持写入数据时自动数据均衡，同时也支持通过手动命令进行数据均衡，并制定均衡阈值。

（3）支持将数据块的一个副本放在正在写这个数据块的节点上，将其他副本分布到其余任意节点，减少网络 I/O。

（4）在某节点磁盘存满时，进行手动数据均衡，启动均衡计划逐步将数据迁移到磁盘空闲的数据节点上。

（5）在节点数量变更的情况下，进行数据均衡和数据副本迁移。

（6）在系统进行数据均衡的过程中，系统须保持业务的正常支撑，且没有性能下降。

（二）NoSQL 非关系型分布式数据库

非关系型分布式数据库（Not Only SQL，NoSQL）是分布式存储的主要技术。NoSQL 不一定遵循传统数据库的一些基本要求，比如遵循 SQL 标准、ACID 属性、表结构等。相比传统数据库，它的主要特点包括：易扩展，灵活的数据模型，高可用性，大数据量，高性能等。

目前主要有四种非关系型数据库管理系统，即基于列存储的 NoSQL、基于 Key-value 键值对存储的 NoSQL、基于文档的数据库和图表数据库。

1. 列存储 Hbase

Hbase 是一个分布式、可伸缩的 NoSQL 数据库，它构建在 Hadoop 基础设施之上，如图 4-11 所示。Hbase 以 Google 的 BigTable 为原型，设计并实现了具有高可靠性、高性能、列存储、可伸缩、实时读写的数据库系统，用于存储粗粒度的结构化数据。

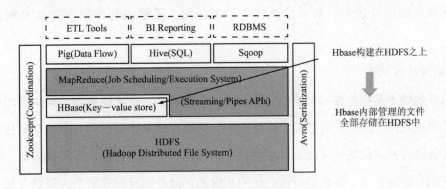

图 4-11　HBase 在 Hadoop 中的位置

2. Key-value 存储 Redis

Redis 是一个高性能的 Key-value 存储系统，基于 C/C++开发，运行速度快，为了保证效率，数据都是缓存在内存中。采用的是 Master-Slave 架构。支持存储的 value 类型比较多，包括 string（字符串）、list（链表）、set（集合）和 zset（有序集合）。这些数据类型都支持 push/pop 、add/remove 及取交集、并集和差集等丰富的操作，虽然采用简单数据或以键值索引的哈希表，但也支持复杂操作，同时支持事务，支持将数据设置成过期数据。

3. 文档存储 MongoDB

MongoDB 可以为 Web 应用程序提供可扩展的高性能数据存储解决方案。MongoDB 基于 C++开发，保留了 SQL 一些友好的特性（查询、索引）；基于 Master-Slave 架构，内建分片机制，数据存储采用内存到文件映射，对性能的关注超过对功能的要求；支持 Java-

Script 表达式查询。

MongoDB 适用于需要动态查询支持、需要使用索引的分布式应用、对大数据库有性能要求、需要使用 CouchDB 但因为数据改变频繁而占满内存的应用程序。

4. 图存储 Neo4J

Neo4J 基于 Java 语言开发，是基于关系的图形数据库。它可以独立使用或嵌入 Java 应用程序，图形的节点和边都可以带有元数据，多使用多种算法，支持路径搜索，使用键值和关系进行索引，为读操作进行优化，支持事务（用 Java API）使用 Gremlin 图形遍历语言，支持 Croovy 脚本，支持在线备份、高级监控及高可靠性，支持使用 AGPL/商业许可。

Neo4J 适用于图形类数据，如社会关系、公共交通网络、地图以及网络拓扑等，这是 Neo4J 与其他 NoSQL 数据库的最显著区别。

（三）虚拟存储技术与云储存技术

为实现存储的低成本、高可扩展性与资源池化，需要用到虚拟存储技术和云存储技术。

1. 虚拟存储技术

虚拟存储技术是指将存储系统的内部功能从应用程序、计算服务器、网络资源中进行抽象、隐藏或隔离，最终使其独立于应用程序、网络存储与数据管理。虚拟存储技术将底层存储设备进行抽象化统一管理，底层硬件的异构性、特殊性等特性都将被屏蔽，对于服务器层来说只保留其统一的逻辑特性，从而实现了存储系统资源的集中，提供方便、统一的管理。相比于传统的存储，虚拟存储技术磁盘利用率高，存储灵活，管理方便，并且性能更好。

2. 云存储技术

云存储是云计算技术的重要组成部分，是云计算的重要应用之一。在云计算技术发展过程中，伴随着数据存储技术的云化发展历程。随着互联网技术的不断提升，宽带网络建设速度的加快，大容量数据传输技术的实现和普及，传统的基于 PC 的存储技术将逐渐被云存储技术所取代。

云存储是一种新型存储系统，它的产生是为了便于处理高速增长的数据。云存储系统由四层组成，如图 4-12 所示。

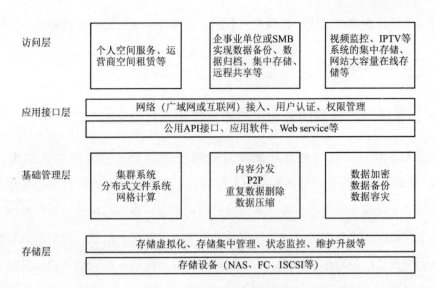

访问层	个人空间服务、运营商空间租赁等	企事业单位或SMB实现数据备份、数据归档、集中存储、远程共享等	视频监控、IPTV等系统的集中存储、网站大容量在线存储等

图 4-12　云存储系统组成

（四）大数据存储技术路线

1. MPP 架构的新型数据库集群

采用 MPP（Massive Parallel Processing）架构的新型数据库集群，重点面向行业大数据，采用 Shared Nothing 架构，通过列存储、粗粒度索引等多项大数据处理技术，再结合 MPP 架构高效的分布式计算模式，完成对分析类应用的支撑，运行环境多为低成本 PC-Server，具有高性能和高扩展性的特点，在企业分析类应用领域获得极其广泛的应用。

这类 MPP 产品可以有效支撑 PB 级别的结构化数据分析，这是传统数据库技术无法胜任的。对于企业新一代的数据仓库和结构化数据分析，目前最佳选择是 MPP 数据库。

2. 基于 Hadoop 的技术扩展

基于 Hadoop 的技术扩展和封装，围绕 Hadoop 衍生出相关的大数据技术，应对传统关系型数据库较难处理的数据和场景，例如针对非结构化数据的存储和计算等，充分利用 Hadoop 开源的优势，伴随相关技术的不断进步，其应用场景也将逐步扩大，目前最为典型的应用场景就是通过扩展和封装 Hadoop 来实现对互联网大数据存储、分析的支撑。对于非结构、半结构化数据处理，复杂的 ETL（Extract Transform and Load）流程，复杂的数据挖掘和计算模型，Hadoop 平台更擅长。

3. 大数据一体机

大数据一体机是一种专为大数据的分析处理而设计的软硬件结合的产品，由一组集成的服务器、存储设备、操作系统、数据库管理系统以及为数据查询、处理、分析用途而特别预先安装及优化的软件组成，高性能大数据一体机具有良好的稳定性和纵向扩展性。

三、大数据处理技术

（一）基于并行计算的分布式数据处理技术（MapReduce）

Hadoop MapReduce 是一种分布式海量数据处理框架。它采用主从结构，在一个 MapReduce 集群中有一个控制节点和多个工作节点。当集群运行时，所有的工作节点会定期地向控制节点发送心跳信息，报告本节点的当前状态。收到心跳信息后，控制节点会根据当前的工作情况和工作节点自身的状态给工作节点发送指令信息。控制节点根据收到的指令信息会完成相应的动作。MapReduce 框架实现的是跨节点的通信，擅长横向扩充、负载均衡、失效恢复、一致性等功能，适合有很多批处理的大规模分布式应用，如日志处理、Web 索引建立等。

（二）分布式内存计算处理技术（Spark）

对于一些需要快速实时分析的业务操作，需要快速地对最新的业务数据进行分析处理。在线实时分析计算框架是为集群计算中特定类型的工作负载而设计的，引进了内存集群计算的概念。

Spark 引进了名为弹性分布式数据集（resilient distributed datasets，RDD）的抽象。RDD 是分布在一组节点中的只读对象集合。这些集合是弹性的，如果数据集一部分丢失，则可以对它们进行重建。重建部分数据集的过程依赖容错机制，该机制可以维护"血统"（即允许基于数据衍生过程重建部分数据集的信息）。

（三）分布式流处理技术（Storm）

对于现在大量存在的实时数据，比如股票交易的数据，数据实时性强、数据量大且不间断，这种实时数据被称为流数据（Stream）。流计算（Stream Computing）是专门针对这种实时数据类型（流数据）准备的，是一种高实时性的计算模式，需要对一定时间窗口内应用系统产生新数据完成实时的计算处理，避免造成数据堆积和丢失。典型的应用场景包括证券数据分析、网站广告的上下文分析、社交网络的用户行为分析等。

Storm 是 Twitter 的开源流计算平台。利用 Storm 可以很容易做到可靠地处理无限的数据流，进行实时数据处理。Storm 可以使用任何编程语言，可以采用 Clojure 和 Java，非 JVM 语言可以通过 stdin/stdout 以 JSON 格式协议与 Storm 进行通信。Storm 的应用场景很多，例如实时分析、在线机器学习、持续计算、分布式 RPC 等。

四、大数据分析与挖掘技术

大数据时代，医疗卫生领域不同业务、不同格式的数据从各个领域涌现出来。大数据往往含有噪声，具有动态异构性，是互相关联和不可信的。

（一）分类挖掘算法

目前在医疗数据处理中使用的主要分类算法有决策树学习、贝叶斯分类算法、人工神经网络等。

1. 决策树学习

决策树学习是以实例为基础的归纳学习算法，构造决策树的目的是找出属性和类别间的关系，用它来预测将来未知类别的记录的类别。决策树可以用于临床的疾病辅助诊断，从临床数据库中提取诊断规则，提高诊断正确率。

2. 贝叶斯分类算法

贝叶斯分类算法是一类利用概率统计知识进行分类的算法，用来预测一个未知类别的样本属于各个类别的可能性，从而发现数据间潜在的关系。贝叶斯算法可以用于手术结果预测、医疗服务质量评价等。

3. 人工神经网络

人工神经网络是一种类似于大脑神经突触连接的结构进行信息处理的数学模型。而神经网络同时需要进行网络学习的训练。当前的神经网络存在收敛速度慢、计算量大、训练时间长、不可解释等技术瓶颈。而在医疗领域，人工神经网络可以用于确定疾病危险因素、研究疾病发生率的变化趋势等。

（二）文本挖掘算法

医疗数据包括各种结构化、非结构化和半结构化的数据。要想对这些海量数据进行有效的处理，必须对非结构化和半结构化的数据进行处理，使其能够被系统快速地识别、应用。

（三）数据理解与提取

对具有多样性的大数据进行有效分析，需要对数据进行深入的理解，并从结构多样、语义多样的数据中提取出可以直接进行分析的数据。这方面的技术包括自然语言处理、数据抽取等。自然语言处理是研究人与计算机交互的语言问题的一门学科。处理自然语言的关键是要让计算机"理解"自然语言，所以自然语言处理又叫作自然语言理解（Natural Language Understanding，NLU），也称为计算语言学，它是人工智能（Artificial Intelligence，AI）的核心课题之一。信息抽取（information extraction）是把非结构化数据中包含的信息进行结构化处理，变成统一的组织形式。

（四）数据挖掘

数据挖掘指的是从大量数据中通过算法搜索隐藏于其中的信息的过程，包括分类（classification）、估计（estimation）、预测（prediction）、相关性分组或关联规则（affinity grouping or association rule）、聚类（clustering）、描述和可视化（description and visualization）、复杂数据类型挖掘（text、Web、图形图像、视频、音频等）。

（五）数据可视化

数据可视化是关于数据视觉表现形式的科学技术研究。对于大数据而言，由于其规模、高速和多样性，用户通过直接浏览来了解数据，因而，将数据进行可视化，将其表示成为人能够直接读取的形式显得非常重要。目前，针对数据可视化已经提出了许多方法，这些方法根据其可视化的原理可以划分为基于几何的技术、面向像素的技术、基于图标的技术、基于层次的技术、基于图像的技术和分布式技术等；根据数据类型可以分为文本可视化、网络（图）可视化、时空数据可视化、多维数据可视化等。

数据可视化应用包括报表类工具（如我们熟知的 Excel）、BI 分析工具以及专业的数据可视化工具等。

第五章 大数据技术的应用领域研究

大数据应用自然科学的知识来解决社会科学中的问题，在许多领域具有重要的应用。早期的大数据技术主要应用在大型互联网企业中，用于分析网站用户数据以及用户行为等。现在医疗、交通、金融、教育等行业也越来越多地使用大数据技术以便完成各种功能需求。大数据应用基本上呈现出互联网领先、其他行业积极效仿的态势，而各行业数据的共享开放已逐渐成为趋势。[①]

第一节 大数据在互联网领域的应用

大数据应用起源于互联网行业，而且互联网也是大数据技术的主要推动者。互联网拥有强大的技术平台，同时掌握大量用户行为数据，能够进行不同领域的纵深研究。

一、移动互联网的大数据应用面临的机遇与挑战

2016 年底，中国网民规模达到 7.31 亿，手机网民用户达 6.95 亿。中国手机用户使用率前五的应用分别为：微信、QQ、淘宝、手机百度和支付宝。在一些细分领域，用户也出现了爆发式增长。比如，网上外卖用户规模达到 2.09 亿，年增长率为 83.7%；网络直播用户规模达到 3.44 亿，但在 2016 年下半年增加已经几乎停滞，仅增长 1 932 万；网络预约出租车用户规模达 2.25 亿，网络预约专车用户规模为 1.68 亿。

互联网和移动通信的高速发展，推动了移动互联网大数据时代的来临，任何行业都不能避免。它不止改变各行业的经营方式，就连人们生活方式都发生了颠覆性的变革。面临大数据、个性化以及精准化服务，作为全球化产业链上的一环，首先我们应面对这不可避免的变更，以开放的心态迎接机遇与挑战。

---

① 鄂海红、宋美娜、欧中洪：《大数据技术基础》，北京邮电大学出版社 2019 年版。

对于机遇，一方面是与客户沟通方式的改变。它打通了整个沟通环节，但成本是直线下降的。通过对主流媒体的运用，进行精准的线上推广，不像过去大海捞针似的推广信息，通过媒体有效的后台信息、精细化的数据管理，准确地找到我们的客户，做到有的放矢。另一方面是对自媒体的运用，媒体的话语垄断性被打破，更多的草根声音在媒体中出现，信息流通渠道更加开放，更加直接，开发商的成本明显的下降。但问题是，这些改变并不意味着开发商就能够做大做强，做大做强的核心在于产品的质量与信息量本身，而移动互联网更多改变的是我们的沟通方式。一个企业的成功不在于一个点上的成功，而在于整个产品链条的成功。通过前期开发客户、中期维护客户、后期处理客户关系三个方面，增强产品本身与客户联系的同时，注重客户的体验感，使整个链条更加完整。三个方面是十分有力的，加强了与精准客户的沟通，维护了客户关系。移动互联网对于开发商的机遇还是大于挑战的。

对于挑战，在于如何将信息源等有效资源完整综合起来。信息化在于将所有的窗口全面打开，意味着在更加透明的情况下，开发商本身的专业化、流程的标准化、产品的品质等方面都需要做到极致，这样在市场上，强者更强，弱者更弱，形成两极分化。主要表现在市场上一些在产品上或者管理标准化等方面存在问题的企业，只是在传播这一点上做到了极致，这反而成了它的致命伤，媒体会将其缺陷放大传播。因此，要将线上线下结合起来，真正将线上的落地，给客户一对一的真实体验感。现在所做的电商这种线上线下互动的模式，就是很好的体现。

二、最优的推荐商品

随着大数据时代的到来，网络信息飞速增长，用户面临着信息过载的问题。虽然用户可以通过搜索引擎查找自己感兴趣的信息，但是在用户没有明确需求的情况下，搜索引擎也难以帮助用户有效地筛选信息。为了让用户从海量信息中高效地获得自己所需的信息，推荐系统应运而生。推荐系统是大数据在互联网领域的典型应用，它可以通过分析用户的历史记录来了解用户的喜好，从而主动为用户推荐其感兴趣的信息，满足用户的个性化推荐需求。

推荐系统通过分析用户的历史数据来了解用户的需求和兴趣，从而将用户感兴趣的信息、物品等主动推荐给用户。现在让我们设想一个生活中可能遇到的场景：假设你今天想看电影，但又没有明确想看哪部电影，这时你打开在线电影网站，面对近百年来所拍摄的成千上万部电影，要从中挑选一部自己感兴趣的电影就不是一件容易的事情。我们经常会打开一部看起来不错的电影，看几分钟后无法提起兴趣就结束观看，然后继续寻找下一部电影，等终于找到一部自己爱看的电影时，可能已经有点筋疲力尽了，渴望休闲的心情也会荡然无存。为解决挑选电影的问题，你可以向朋友、电影爱好者进行请教，让他们为你推荐电影。但是，这需要一定的时间成本，而且，由于每个人的喜好不同，他人推荐的电影不一定会令你满意。此时，你可能更想要的是一个针对你的自动化工具，它可以分析你的观影记录，了解你对电影的喜好，并从庞大的电影库中找到符合你兴趣的电影供你选择。这个你所期望的工具就是"推荐系统"。

推荐系统是自动联系用户和物品的一种工具，和搜索引擎相比，推荐系统通过研究用户的兴趣偏好，进行个性化计算。推荐系统可发现用户的兴趣点，帮助用户从海量信息中去发掘自己潜在的需求。

个性化推荐系统是建立在海量数据挖掘基础上的一种高级商务智能平台，以帮助电子商务网站为其顾客购物提供完全个性化的决策支持和信息服务。购物网站的推荐系统为客户推荐商品，自动完成个性化选择商品的过程，满足客户的个性化需求，推荐基于网站最热卖商品、客户所处城市、客户过去的购买行为和购买记录，推测客户将来可能的购买行为。国外著名的 Amazon.com 在线商城就使用了基于协同过滤和内容过滤的推荐算法，为用户推荐产品，并且得到了很好的效果，是个性化推荐领域的领跑者。国内的当当书城也向 Amazon.com 学习建立了个性化推荐系统。豆瓣电台以及其他类似互联网音乐产品都采用了协同过滤的推荐算法，猜用户所喜欢。

目前在电子商务、在线视频、在线音乐和社交网络等各类网站和应用中，推荐系统都开始扮演越来越重要的角色。亚马逊作为推荐系统的鼻祖，已将推荐的思想渗透到其网站的各个角落，实现了多个推荐场景。亚马逊网站利用用户的浏览历史记录来为用户推荐商品，推荐的主要是用户未浏览过，但可能感兴趣、有潜在购买可能性的商品。

推荐系统在在线音乐应用中也逐渐发挥越来越重要的作用。音乐相比于电影在数量上更为庞大，且个人口味偏向会更为明显，仅依靠热门推荐和专家推荐是远远不够的。虾米音乐网根据用户的音乐收藏记录来分析用户的音乐偏好，从而进行推荐。从推荐的结果来看，主要是基于内容的推荐，例如推荐同一风格的歌曲，推荐同一歌手的其他歌曲，或是推荐同一专辑中的其他歌曲等。[1]

---

[1] 任友理：《大数据技术与应用》，西北工业大学出版社 2019 年版。

三、响应模型

在公司营销活动中，使用最为频繁的一种预测是响应模型。响应模型的目标是预测哪些用户会对某种产品或者是服务进行响应，利用响应模型来预测哪些用户最有可能对营销活动进行响应，这样，在以后类似的营销活动时，利用响应模型预测出最有可能响应的用户，从而只对这些用户进行营销活动，这样的营销活动定位目标用户更准确，并能降低公司的营销成本，提高投资回报率。

以商业银行为例，对客户个人信息、客户信用卡历史交易情况、客户银行产品等各种数据进行一系列处理与分析，利用各种数据挖掘方法对所有商业银行已有客户的信用卡营销响应概率进行预测，通过评估模型的预测效果，选择最适合的模型参数建立完整的数据挖掘流程，就可以给出每个客户对信用卡宣传活动的响应度，并同时可以得到对应于不同的响应度的客户群的特征。

客户营销响应模型的优势在于它能根据客户历史行为客观地、准确地、高效地评估客户对信用卡产品是否感兴趣，让营销人员更好地细分市场，准确地获取目标客户，提高业务管理水平和信用卡产品盈利能力。

四、客户分类

企业要实现盈利最大化，需要依赖两个关键战略：确定客户正在购买什么、如何以有效的方式将产品和服务传递给客户。大多数企业都没有通过客户细分来识别和量化销售机会，企业的不同部门可能会从不同的角度试图去解决这个问题，如营销部门评估客户需求，财务部门看重产品的盈利能力，人力资源部门制订销售人员的激励计划等，但是这些专业分工没有充分地把他们努力集成，以产生一种有效的营销方法。没有准确的客户定位，没有对目标客户的准确理解，稀缺的营销资源被投放在无效的、没有针对性的计划上，常常不能产生预期的效果，并浪费了大量的资源。客户细分能够帮助企业有效调动各种营销资源，协调不同部门的行动、为目标客户提供满意的产品和服务。

客户细分（Customer Segmentation）是指按照一定的标准将企业的现有客户划分为不同的客户群。通过客户细分，公司可以更好地识别客户群体，区别对待不同的客户，采取不同的客户保持策略，达到最优化配置客户资源的目的。传统客户细分的依据是客户的统计学特征（如客户的规模、经营业绩、客户信誉等）或购买行为特征（如购买量、购买的产品类型结构、购买频率等）。这些特征变量有助于预测客户未来的购买行为，这种划分是理解客户群的一个良好开端，但还远远不能适应客户关系管理的需要。

近年来，随着 CRM 理论的发展，客户细分已经成为国内外研究的一个焦点。为了突破传统的依据单一特征变量细分客户的局限，很多学者都在从不同角度研究新的客户细分方法。在此将这些细分方法归纳为两大类：基于价值的客户细分和基于行为的客户细分，并引入 V-NV 的二维客户细分方法，分别从客户的价值维度（Value）和非价值维度（Non-Value）对客户进行聚类，然后再形成矩阵进行交叉得出客户分群的思路。鉴于客户细分方法的特点，按照矩阵分类的原理，对客户采取基于价值（V）维度和非价值（NV）维度分别进行客户分群，然后将两次分群的结果在 X-Y 两维平面进行叠加，最后确定客户分群的结果。这样既考虑客户的价值又理解客户的非价值的消费行为，两个维度的有效结合将使我们对客户的理解更加深入。

第二节　大数据在生物医学领域的应用

"大数据"的概念从问世到现在，在全世界掀起了一次又一次的热潮。如今，各行各业都或深或浅涉足大数据的挖掘与研究，一个大规模生产、分享和应用数据的时代已然开启。与十年前相比，手机的计算能力、存储能力等都有了飞跃性的提升。数据存储量发生了指数级增长，通过数据的采集、传输和存储等，最终导致了大数据的形成。基于互联网以及大数据技术，对医疗领域中各层次的医疗信息和数据进行挖掘和分析，这样的大数据在医疗行业的应用已逐步受到市场的关注。医疗大数据作为医疗健康发展的核心价值之一，是医疗向数字化转型的有力抓手，也是助力医疗前行不可小觑的驱动力。

一、大数据时代的生物医学

对于大数据时代的生物医学，复旦大学生物医学研究院研究员刘雷在第二代 DNA 测序、医学影像、健康档案、医学文献等典型实例中剖析了该领域的大数据现象，并就大数据时代的医学伦理与数据安全表达了自己的观点。刘雷认为，生物医学数据研究活动呈现出如下特点：①数据量特别庞大。现代生物医学研究产生了大量的数据，有些实验数据量甚至可达 TB 级。②数据复杂异构。数据的形式、格式多种多样，既有可直接计算的数值数据，也有不可直接计算的自然语言。③数据驱动。生物医药领域里科学研究的一个重要发展趋势就是数据驱动。现在通过对海量数据的研究来探索其中的规律，可以直接提出假设或得出可靠的结论。

生物医学领域的大数据实例：①第二代 DNA 测序技术。测序所产生的大数据，如第二代测序平台 SOLiD 单次运行，便可以分析 6GB 的碱基序列；GAII 测序系统仅运行两个小时，就可得到 10TB 的信息。②医学影像。医学影像数据具有数据量大、数据类型复杂、规定保存时间长等特点。③健康档案。其特点是：持续、大量增长；数据格式复杂，不容易整合；数据模式会依时间的推移不断变化、演进。④医学文献。医学涉及学科的急剧增加和细化造成医学知识的数量剧增。

对于大数据时代的医学伦理与数据安全，专家认为，科研人员必须尽可能地找到保证患者隐私的方法，这样才能在大数据研究中获得公众的信任。解决这一问题的关键是：告知患者生物学和临床研究的进展可能给他们及其后代带来的利益和风险，并向他们解释为什么研究人员采集的高位数据无法完全地去除身份信息；立法机关应及时根据科学技术的进展制定法律，以保护个人不会因为个人隐私而受到歧视。

二、医疗大数据

医疗大数据既包括个人健康，又涉及医药服务、疾病防控、健康保障和食品安全、养生保健等多方面数据。医疗大数据对改进健康医疗服务模式，对经济社会发展都有着重要的促进作用，是国家重要的基础性战略资源。

医疗大数据的发展与应用将带来健康医疗模式的深刻变革，有利于提升健康医疗服务效率和质量，不断满足人民群众多层次、多样化的健康需求，为打造健康中国提供有力支撑。

医疗大数据可以从不同维度进行分类，按照数据结构的不同，健康医疗大数据可以分为结构化数据、半结构化数据和非结构化数据三类。结构化数据就是数字和符号；非结构化数据包括图片、声音、视频等；半结构化数据介于结构化数据和非结构化数据两者之间，通常指结构变化很大的结构化数据，例如各式各样的患者病历数据。结构化和半结构化数据比较易于存储和分析，诊疗数据、电子病历、电子账单等都属于这类数据。但是基因序列、医疗影像等都属于非结构化数据，无法像结构化数据那样易于存储和分析。目前各类应用都在尝试如何将这些数据充分利用，挖掘数据的潜在价值。

按照数据产生的来源，医疗大数据可以分为临床大数据、健康大数据、生物大数据和经营运营大数据四类，具体如表 5-1 所示。

表 5-1 医疗大数据分类

类别	描述	数据来源
临床大数据	电子病历数据 EMR，医学影像数据，患者终生就医、住院、用药记录，标准化临床路径数据等	医院、基层医疗机构、第三方医学诊断中心、药企、药店
健康大数据	电子健康档案 EHR、监测个人体征数据、个人偏好数据、康复医疗数据、健康知识数据等	基层医疗机构、体检机构
生物大数据	不同组学的数据，例如：基因组学、转录组学、蛋白组学、代谢组学等	医院、第三方检测机构
经营运营大数据	成本核算数据，医药、耗材、器械采购与管理数据，不同病种治疗成本与报销、药物研发数据，消费者购买行为数据，产品流通数据，第三方支付数据等	医院、基层医疗机构、社保中心、商业保险机构、药企、药店、物流配送公司、第三方支付机构

三、医疗大数据应用成果

（一）移动医疗（手机 App）

1. IBM 推出 MobileFirst 策略，专门针对各种无线终端，支持 IOS、安卓系统。通过 MobileFirst 平台，在各种移动终端对象里嵌置 API 和相关的 App 应用采集和分析这些无线终端的数据。

2. Gauss Surgical 正在开发一款 iPad App 来监测和跟踪外科手术中的失血情况。外科手术工作人员使用 iPad 扫描手术过程中纱布和其他表面吸收的血液。使用算法估测这些表面上的血液总量，然后估算出患者在手术过程中的失血量。

3. 意大利电信近期推出 Nuvola It Home Doctor 系统，可让在都灵 Molinette 医院的慢性病患者通过手机在家中监测自己的生理参数。相关数据将自动地通过手机发送到医疗平台，也可以通过 ADSL、Wi-Fi 和卫星网络得到应用。医生通过网页接入这个平台，及时获取数据并调整治疗方案。

4. IBM 在上海的部分医院推出了 BYOD 系统，即员工自费终端，用来提高医生和护士在医院的移动性。通过和开发商合作，推出移动护理应用，将医生和护士的各种移动终端连在同一网络下，便于医生和护士了解患者在医院的位置和健康状况，也提高了医生和护士的移动性。

5. 美国远程医疗（telemedicine）公司研制成功了一款功能强大的医疗设备"智能心脏"，把手机变成一款功能齐全的医疗工具，用来监测用户可能存在的心脏病问题。

（二）可穿戴医疗

1. 智能手表等消费终端动态监控身体状况。

2. 针对白领女性对健康和美的追求推出计步减肥的应用，针对婴儿和老人等推出的位置定位和健康监测应用等。

3. NEC 提供婴儿防盗、人员定位解决方案，集成 FRID 技术、手持 PDA、腕带技术、监控系统、报警系统等，使医院可以实时了解患者的动向及状况，很大程度上避免了抱错婴儿、婴儿丢失、患者走失等事件的发生。该系统中还增加加速感应装置，监视老年患者摔倒，使老年人能得到及时有效的救治防护措施，提高医疗服务质量，加强医疗安全。

（三）流行疾病预测

大数据在生物医学领域得到了广泛的应用。在流行病预测方面，大数据彻底颠覆了传统的流行疾病预测方式，使人类在公共卫生管理领域迈上了一个全新的台阶。

今天，以搜索数据和地理位置信息数据为基础，分析不同时空尺度人口流动性、移动模式和参数，进一步结合病原学、人口统计学、地理、气象和人群移动迁徙、地域之间等因素和信息，可以建立流行病时空传播模型，确定流感等流行病在各流行区域间传播的时空路线和规律，得到更加准确的态势评估和预测。大数据时代被广为流传的一个经典案例就是谷歌流感趋势预测。谷歌开发的可以预测流感趋势的工具——谷歌流感趋势，采用大数据分析技术，利用网民在谷歌搜索引擎输入的搜索关键词来判断全美地区的流感情况。

谷歌把 5 000 万条美国人最频繁检索的词条和美国疾控中心在 2003—2008 年间季节性流感传播时期的数据进行了比较，并构建数学模型实现流感预测。在 2009 年，谷歌首次发布了冬季流行感冒预测结果，与官方数据的相关性高达 97%；此后，谷歌多次把测试结果与美国疾病控制和预防中心的报告做比对，发现两者结论存在很大的相关性，证实了谷歌流感趋势预测结果的正确性和有效性。

其实，谷歌流感趋势预测的背后机理并不难。对于普通民众而言，感冒发烧是日常生活中经常碰到的事情，有时候不闻不问，靠人类自身免疫力就可以痊愈，有时候简单服用一些感冒药或采用相关简单疗法也可以快速痊愈。相比之下，很少人会首先选择去医院就医，因为医院不仅预约周期长，而且费用昂贵。因此，在网络发达的今天，遇到感冒这种小病，人们首先就会想到求助于网络，希望在网络中迅速搜索到感冒的相关病症、治疗感冒的疗法或药物、就诊医院等信息，以及一些有助于治疗感冒的生活行为习惯。作为占据市场主导地位的搜索引擎服务商，谷歌自然可以收集到大量网民关于感冒的相关搜索信息，通过分析某一地区在特定时期对感冒症状的搜索大数据，就可以得到关于感冒的传播动态和未来 7 天流行趋势的预测结果。

虽然美国疾控中心也会不定期发布流感趋势报告，但是很显然谷歌的流感趋势报告要更加及时、迅速。美国疾控中心发布流感趋势报告是根据下级各医疗机构上报的患者数据进行分析得到的，会存在一定的时间滞后性。而谷歌公司则是在第一时间收集到网民关于感冒的相关搜索信息后进行分析得到结果，因为普通民众感冒后，会首先寻求网络帮助而不是到医院就医。另外，美国疾控中心获得的患者样本数也会明显少于谷歌，因为在所有感冒患者中，只有一小部分重感冒患者才会最终去医院就医而进入官方的监控范围。

（四）生物信息学

生物信息学（bioinformatics）是研究生物信息的采集、处理、存储、传播、分析和解释等方面的学科，也是随着生命科学和计算机科学的迅猛发展、生命科学和计算机科学相结合形成的一门新学科，它通过综合利用生物学、计算机科学和信息技术，揭示大量而复杂的生物数据所蕴含的生物学奥秘。

和互联网数据相比，生物信息学领域的数据更是典型的大数据。首先，细胞、组织等结构都是具有活性的，其功能、表达水平甚至分子结构在时间维度上是连续变化的，而且很多背景噪声会导致数据的不准确性；其次，生物信息学数据具有很多维度，在不同维度组合方面，生物信息学数据的组合性要明显大于互联网数据，前者往往表现出"维度组合爆炸"的问题，比如所有已知物种的蛋白质分子的空间结构预测问题，仍然是分子生物学的一个重大课题。

生物数据主要是基因组学数据，在全球范围内，各种基因组计划被启动，有越来越多的生物体的全基因组测序工作已经完成或正在开展，伴随着一个人类基因组测序的成本从2000 年的 1 亿美元左右降至今天的 1000 美元左右，将会有更多的基因组大数据产生。除此以外，蛋白组学、代谢组学、转录组学、免疫组学等也是生物大数据的重要组成部分。每年全球都会新增 EB 级的生物数据，生命科学领域已经迈入大数据时代，生命科学正面临从实验驱动向大数据驱动转型。

生物大数据使得我们可以利用先进的数据科学知识，更加深入地了解生物学过程、作物表型、疾病致病基因等。将来我们每个人都可能拥有一份自己的健康档案，档案中包含了日常健康数据（各种生理指标，饮食、起居、运动习惯等）、基因序列和医学影像

（CT、B 超检查结果）；用大数据分析技术，可以从个人健康档案中有效预测个人健康趋势，并为其提供疾病预防建议，达到"治未病"的目的。由此将会产生巨大的影响力，使生物学研究迈向一个全新的阶段，甚至会形成以生物学为基础的新一代产业革命。

世界各国非常重视生物大数据的研究。2014 年，美国政府启动计划，加强对生物医学大数据的研究；英国政府启动"医学生物信息学计划"，投资 3 200 万英镑大力支持生物医学大数据研究。

国际上，已经有美国国家生物技术信息中心（NCBI）、欧洲生物信息研究所（EBI）和日本 DNA 数据库（DDBJ）等生物数据中心，专门从事生物信息管理、汇聚、分析、发布等工作。同时，各国也纷纷设立专业机构，加大对生物大数据人才的培养，促进生物大数据产业的快速发展。

（五）其他

（1）用药分析。美国哈佛大学医学院通过整理八个附属医院患者的电子病历信息，从中归纳出某一年销售额达到百亿美元的一类主要药物有导致致命的副作用的可能性，该分析结果提交美国食品药品管理局后，此类药物下架。

（2）病因分析。英国牛津大学临床样本中心选取 15 万人份的临床资料，通过数据分析得出了 50 岁以上人群正常血压值的分布范围，改变了人们对高血压的认识。

（4）基因组学。DNAnexus、Bina Technology、Appistry 和 NextBio 等公司正加速基因序列分析，让发现疾病的过程变得更快、更容易和更便宜。

（5）疾病预防。如何能不通过昂贵的诊断技术就能诊断早期疾病是医学界的一大课题，Seton 医疗机构目前已经能借助大数据做到这一点。例如充血性心脏衰竭的治疗费用非常高昂，通过数据分析，Seton 的一个团队发现颈静脉曲张是导致充血性心脏衰竭的高危因素。

（6）众包。医疗众包领域最知名的公司当属社交网站 PatientsLikeMe，该网站允许用户分享他们的治疗信息，用户也能从相似患者的信息中发现更加符合自身情况的治疗手段。

第三节 大数据在铁路物流调度系统中的应用

一、铁路智慧物流的发展

随着大型电子商务业务的不断扩张，微信、支付宝等第三方支付平台的完善，我国用户在互联网上购物的交易额以及下单数量迅猛增长。对于各种大中型的物流企业而言，海量的运输订单管理以及相应的物资配送等问题越来越明显。铁路运输属于我国物流行业中重要的物流运输方式之一，铁路物流公司一直沿用传统的物流管理模式，导致跨区域和供应商之间的数据信息的处理效率较慢，浪费大量人力和物力资源。如何能够提高物流配送效率，加强供应商的订单转换快速和有序，保证物流信息处理实效性，这需要一套全面的物流调度管理系统，才能有效地解决当前铁路物流管理中重大问题。

铁路向现代物流转型，就是以满足客户需求为目标，从传统铁路货运拓展为物流全过程服务，将运输、仓储、装卸、配送、包装、加工、信息等业务有机结合，不断强化铁路安全便捷、低成本、全天候、绿色环保的四个优势和特征，充分发挥铁路在社会物流体系中的骨干作用。

1. 开展全品类物流

除法律法规明令禁止运输的货物外，对客户提出的所有运输需求，不区分货物品类、体积、重量、批次、运到时限、装载要求、运载工具，全部纳入铁路物流服务范围，敞开受理，直接办理。

2. 提供全流程服务

根据客户提出的物流需求，铁路为客户提供站到站、站到门、门到站、门到门运输，以及仓储、装卸、包装、加工等综合物流服务。

3. 开展全方位经营

全面、全方位深入开展物流经营工作，对生产制造、商贸等企业的原材料、半成品全面推行物流总包及供应总包，满足企业外销外运的时限需求、服务需求和物资供应需求。深度介入企业内部供应链，开展企业内部生产物流总包，扩展企业内部生产物流市场。

4. 实行全过程管理

将运输组织管理拓展为对物流全过程各环节管理，对运输能力、调度指挥、设施设备、人力资源、价格收费、物流服务、成本支出、信息服务等各要素实行一体化管理。

铁路智慧物流主要是通过整合利用现代物联网、传感网、互联网等新技术，实现精细化、动态化、科学化管理，实现物流的网络化、自动化、智能化，提高资源利用率和生产力水平，降低社会物流成本，实现社会价值提升。目前，智慧物流在我国刚开始起步，必将成为物流业发展新的增长点和提质增效的新路径，进一步促进物流业升级。对于铁路企业来说，发展智慧物流，既是践行"强基达标、提质增效"工作主题、促进铁路向现代物流转型的重要举措，也是服务经济社会发展、降低社会物流成本的需求。

铁路智慧物流有效反映了市场需求的管理理念、组织架构、运力安排、硬件设施、产品体系、价格体系、信息支撑等，主要包括：广泛地掌握物流市场的实时信息和铁路内部的运输组织信息，智能化地对运能、运力配置进行匹配调整，有效对市场主体、各工种进行组织协调；迅速实施运输组织方案，严格按照市场需求组织生产。

铁路智慧物流是以物流互联网和物流大数据为依托，以"创新、协调、绿色、开放、共享"发展理念为指导，通过创新发展模式、引入先进信息技术，对传统的铁路运输组织方式进行重塑，对既有铁路物流产品进行调整，实现铁路物流产业发展的新生态。将物联网、互联网与现有的铁路网进行有效的集成和整合，通过管理创新，实现物流的自动化、智能化，从而提高全社会物流资源利用率，降低我国物流成本。以发展智慧物流为目标，充分运用互联网技术，不断优化物流结构，全方位开展物流经营管理，不断提升物流服务水平，实现更高层次的发展。

二、铁路大数据需求

铁路大数据是指以容量大、类型多、存取速度快、应用价值高为主要特征的铁路数据集合，是铁路企业各类数据的总称。铁路大数据是国家基础行业信息，是国家大数据资源的重要组成部分，在国民经济和社会发展中具有极为重要的作用。围绕大数据的采集、共享、存储、分析等全生命周期数据流程，铁路大数据服务可分为数据集成服务、数据共享服务和数据存储与分析服务。

铁路大数据安全在传统的物理安全、设备安全、网络安全、数据库安全、系统安全等铁路信息化安全保障措施之上，更强化数据在集成、共享、存储、应用等全过程的数据安全防护。铁路大数据在全生命周期各阶段面临的安全保障需求如下：

（1）数据集成服务：针对来自铁路业务系统、物联网、互联网、外部相关机构和企业的各类数据源，提供批量导入和实时同步的方式实现结构化数据和非结构化数据的采集，对采集到的原始数据进行数据清洗、加工、转换、标注等规范化处理后，形成结构化数据集成和非结构化数据集成服务。

（2）数据共享服务：构建适应铁路大数据环境的操作型数据存储和非结构化数据存储，并统一通过直接访问、数据文件、数据复制、应用服务接口、消息中间件等技术为各业务信息系统提供结构化和非结构化两类数据的共享。

（3）数据存储与分析服务：采取基于 Hadoop 的大数据分析框架和数据仓库技术相结合的融合架构，面向结构化数据构建企业数据仓库和数据集市，开展统计分析、多维报表、交互分析等。面向非结构化数据，采用分布式批量计算框架、流式计算框架、深度学习计算框架和图计算框架等实现非结构化数据的分析。构建历史数据区实现全量结构化和非结构化数据的统一存储，并实现结构化分析和非结构化分析结果的统一融合。

在数据流向上可分为结构化数据和非结构化数据（如文本、视频、图片等）两条主线。结构化数据经批量导入或实时同步后，采用 ETL 技术进行数据的清洗、转换、加工，建立操作型数据存储和共享，然后构建数据仓库和面向不同主题的数据集市，进行多维统计、多维报表等结构化数据分析。非结构化数据通过文件数据采集接口等进行批量导入或实时同步经过数据标注、特征提取和预处理后提供非结构化数据存储和共享，采用大数据分析挖掘算法实现非结构化的数据分析。所有分析结果统一通过直接访问、数据文件、数据复制等方式对外提供给各业务信息系统使用。

三、铁路物流发展对大数据应用的需求

近年来，铁路物流业逐步成为铁路多元经济中最重要的经济增长点，铁路物流信息化建设也迅速发展。目前，已建成了中国铁路95306网、铁路货运电子商务、运输集成平台、列车确报、货票等众多货运信息系统。通过各信息系统间的资源整合、互联互通、信息共享，实现了铁路货运作业全过程的有效覆盖，积累了海量铁路物流信息。但是铁路物流要想有更广阔的发展前景，不仅要实现铁路内部的互联互通，更需要将货物流通整个过程中的物流信息相互结合起来，通过与其他行业、企业、政府、国外铁路等部门间的合作，实现铁路货运多式联运的发展。

面对海量数据，铁路要不断加大大数据方面投入，把铁路数据看作是一项重要的战略资源，更要充分发挥大数据的价值，推动铁路向现代物流企业转型。

（一）铁路货运多式联运的需求

目前，货运多式联运已经成为我国物流的主要运输模式，铁路须通过与政府、行业、企业等部门在交易、运输、仓储、配送、转运及服务等环节产生的数据进行交换、整理、

挖掘、分析，实现不同运输方式的一体化衔接，提升综合运输效率和服务水平，降低综合物流成本，加快运输发展方式转变，优化运输组织结构。同时，对推动综合运输体系科学发展，促进国家经济结构调整和区域经济协调以及建设"两型"社会都具有重要战略意义。

（二）铁路货运营销策略的需求

中国铁路创新经营理念，改变传统商务模式，将互联网思维与铁路传统行业相融合，构建了中国铁路 95306 网，开展了网上营业厅、大宗商品交易、铁路商城、仓储服务等多种业务。当今，相对于传统的线下销售企业来说，电商掌握了几乎最全面的数据信息，其中包括所有注册用户的浏览、购买消费记录、用户对商品的评价，在其平台上商家的买卖记录、产品交易量、库存量以及商家的信用信息等等。这些真实的、海量的、反映市场需求变化的数据已成为非常具有优势和商业价值的企业资源，通过对市场数据的收集、分析、整合，挖掘出商业价值，铁路能够清楚地判断出哪些业务带来的利润率高、增长速度较快等，把主要精力放在真正能够给企业带来高额利润的业务上，避免无端的浪费，最终实现市场预测、客户精准营销、货运产品设计等货运营销策略的制定和开展。

（三）铁路货运生产决策的需求

铁路货物的运输过程是铁路物流全过程中的重要环节，运输过程中装车、发送、追踪、到达、卸车等各个阶段的科学、合理、有效的内部生产组织，是铁路安全、高效运行的根本保证。目前，通过物联网、移动互联网等技术的应用，以及基础设施大规模建设，提升了路网综合运输能力，从而实现运输数据精准采集和实时掌控。通过大数据技术的应用，制定科学的运输组织策略，实现铁路内部生产组织优化、运输效率提升、货运安全预警，从而实现铁路的高效运营。

四、大数据在铁路物流调度的应用场景构建

建立以信息采集、处理、运用为核心的铁路物流大数据平台，通过与各部门信息的互联互通，提升铁路物流效率，降低铁路物流成本，打造"物流+互联网+服务"为特征的中国铁路物流新生态。

（一）大数据加快货运多式联运的运输效率

在物流运输这一领域中，多式联运要收集的数据量是非常大的，整合铁路、港口、海

关、物流企业、政府以及国外铁路的信息资源，建立跨行业、跨企业数据平台，实现运输数据的交换与共享。比如国联单证系统对外交换主要包括在"一带一路"背景下，中欧、中亚国际跨境班列信息交换，实现跨境班列的高效换装；港口通过集装箱信息交换，实现港口运输组织有效计划，集装箱运输能力预测等。多式联运信息交换有效降低物流运输成本，提升物流运输效率。

（二）大数据实现客户物流需求的自动规划

客户有发货需求时，只须通过网站、手机、客服中心等渠道提报运输请求，铁路物流大数据平台在接收网上运输需求以后，通过整合分析国内铁路、国外铁路、港口、船公司、物流企业等运输信息以及客户的不同需求等，提出运输策略，制订运输计划，提供一整套的解决方案，并实现客户对运输信息的实时掌握，提高客户满意度。通过配送过程中实时产生的数据，快速地分析出配送路线的交通状况，实现对事故多发路段的提前预警，提高运输效率和安全保障。

（三）大数据提升运输生产组织和经营管理

利用大数据的挖掘技术，使铁路决策者对各种运输要素的掌握更加详细、及时、准确，能够更加有效地控制和应对各种风险，使运输生产组织和经营管理可靠性更高、效能更高。

大数据可以分析现有铁路的运营数据，挖掘运输与地域、季节、节日、天气等的关系，并综合其他行业相关运输数据，制定更加科学合理的运输生产策略，实现对物流企业库存的有效控制和运输组织方案的合理安排。

五、基于大数据技术的铁路物流调度系统构架分析

针对当前我国铁路物流调度系统大数据技术的应用构架，对其采集整合、存储处理、数据应用和基本构架进行深入分析。

（一）采集整合

当前我国铁路货运企业在应用大数据技术实现企业内部采集整合的过程中将数据源于电子商务平台的相关业务结合起来，从而创建了结构数据化和非结构数据化两种资源整合平台。在其结构数据化中，根据客户基本信息、列车基本信息、订车基本信息、公共基础数据、集装箱货运数据、货运运单数据、货票数据等内容处理，建立结构化数据信息库。在结构化数据信息库构建的过程中利用 SQL、ETL 工具实现数据的导入，并且利用云端数

据仓库存储信息资源，实现铁路货运信息数据化管理。对非结构化的数据信息采用 ETL 技术、元数据抽取技术和 MapReduce 编程技术创建货运文档信息、电子邮件信息、日常工作记录信息、货运图像信息、货运语音信息、货运监控信息、系统其他信息等内容，实现货运数据信息的快速查询和检索，以文本分析的形式呈现给使用者，并且在其点击数据的同时，系统实现数据自动挖掘和提取，完成日常非机构化数据信息化处理。

（二）存储处理

当前我国铁路货运基于大数据技术进行货运物流的改革，在其存储处理上利用大数据技术建立数据库系统，使用 Hadoop 源架构，实现主要业务相关对象和行业业务信息存储。此外，部分铁路货运物流企业在构建大数据技术系统的过程中利用微软并行数据仓库实现企业数据源的存储处理。数据仓库系统和 Hadoop 源架构系统实现对铁路货运物流企业信息资源的永久存储和临时存储，满足信息的存储需求，为铁路货运物流企业的信息存储发展带来重大突破。

（三）数据应用

铁路货运物流企业利用 OLAP 技术建立商业智能应用技术，实现数据仓库数据的选择及联机数据信息处理，实现物流信息筛选、汇总、计算和图表转换，与客户之间建立基本需求关系，并且利用"互联网+"建立线上合作操作线和线上物流流程处理系统。例如，在客户关系管理过程中利用客户每次的货运数据信息建立专属客户货源信息数据库，根据数据库内客户请求吨数、声明重量、铁路重量、批准车数等，实施多维模型分析，实现对客户贡献度、货运同比增长率、客户信誉度、货运提报吨数满足率等信息的输出。再利用货运电商系统内部联机，对数据进行筛选、汇总、计算和图表转换形成客户基本信息的统计与评估。

（四）基本构架

我国铁路货运物流企业在实现大数据技术应用转型过程中，根据企业内部发展需求和结构需求，建立管理系统、安全系统和资源计算系统三大数据技术框架，这三个框架在货运物流企业和技术转型中占有重要的位置。其中管理系统主要利用数据仓库管理系统和 Hadoop 系统实现对数据信息的管理，完成服务系统的一致性服务。安全系统是利用分布式文件系统 HDFS 及分布式数据库 Hbase 提供数据库安全性和完整性。资源计算系统中利用 MPP 数据库技术和 MapReduce 计算技术实现资源平台的数据计算和输出。

当前铁路货运物流企业的大数据化技术应用改革是铁路货运改革的主要背景，为响应我国"互联网+"政策，实现铁路货运物流的物联网化，未来需要进一步实现大数据技术在铁路货运物流企业改革中的应用。

第四节 大数据在企业财务决策中的应用

据 IBM 调查结果显示，全球财务信息正以每年70%的惊人速度迅猛增长。公司的首席财务官亟须将行业内错综复杂的数据集收集起来，与分析报告、经济市场数据、财务报告以及公司资产负载表相互参照，从而获取可执行的财务洞察。因此，IBM 发布了智慧分析洞察特色解决方案之"首席财务官绩效洞察"，能够帮助财务主管利用预测能力和影响力分析增强财务绩效方面的洞察力、可视性和可控性，从而推动利润和收入增长。同时，该解决方案还具备适用于主要指标和以往绩效数据的预测能力，财务人员可以根据各项绩效指标之间的关系，预测绩效差距，并通过情景规划对备选方案进行评估。"数据为王"带来的财务管理与绩效提升变革和收益将是革命性的。

一、大数据时代下的财务决策的新思维

大数据下的财务决策是基于云计算平台，将通过互联网、物联网、移动互联网、社会化网络采集到的企业及其相关数据部门的各类数据，经过大数据处理和操作数据仓储（ODS）、联机分析处理（OLAP）、数据挖掘/数据仓库（DM/DW）等数据分析后，得到以企业为核心的相关数据部门的偏好信息，通过高级分析、商业智能、可视发现等决策处理后，为企业的成本费用、筹资、投资、资金管理等财务决策提供支撑。在大数据的时代背景下，财务决策需要新思维的产生。

（一）重新审视决策思路和环境

财务决策参与者及相关决策者在大数据的背景下依然是企业发展方向的制定者。但是大数据的思想颠覆了传统的依赖企业管理者的经验和相关理论进行企业决策模式，拥有数据的规模、活性以及收集、分析、利用数据的能力，将决定企业的核心竞争力。以前企业的经营分析只局限在简单业务、历史数据的分析基础上，缺乏对客户需求的变化、业务流程的更新等方面的深入分析，导致战略与决策定位不准，存在很大风险。在大数据时代，企业通过收集和分析大量内部和外部的数据，获取有价值的信息。通过挖掘这些信息，可

以预测市场需求，最终企业将信息转为洞察，从而进行更加智能化的决策分析和判断。

（二）基于数据的服务导向理念

企业生产运作的标准是敏锐快捷地制造产品、提供服务，保证各环节高效运作，使企业成为有机整体，实现更好发展。企业不断搜集内外部数据，以提高数据的分析与应用能力，将数据转化为精炼信息，并由企业前台传给后台，由后台利用海量数据中蕴藏的信息分析决策。数据在企业前台与后台间、企业横向各部门间、纵向各层级间传输，使得企业运作的各个环节紧紧围绕最具时代价值的信息与决策展开。同样，大数据使得全体员工可以通过移动设备随时随地查阅所需信息，减少了部门之间的信息不对称，使企业生产运作紧跟时代步伐，在变化中发展壮大。在社会化媒体中发掘消费者的真正需求，在大数据中挖掘员工和社会公众的创造性。

（三）采用实时数据以减少决策风险

多源异质化的海量数据来源打破了以往会计信息来源单一、估量计算不准确的情况，使企业能够实时地掌握准确的市场情报，获得准确的投资性房地产、交易性金融资产等公允价值信息。同时，云会计对数据信息具有强大的获取与处理能力，且一直处于不断更新的状态。通过对市场信息的实时监控，可及时更新数据信息，从而保证会计信息的可靠性和及时性，有效避免由于信息不畅造成的资金损失。JCPenney 公司是一家服装公司，该公司采用大数据分析工具，实现了对企业内部流程的全面提升，包括全面实现价格优化和流程管理，灵活实现即时分析计算，缩短工作周期时间，提高数据质量和预算业务流程的效率，并利用数据分析工具灵活调整动态预测信息，将组织货源、优化定价以及供应链等环节整合在一起。这种方法使公司的毛利增加了五个百分点，库存周转率提高了 10%，连续四年实现了经营收入和可比商店销售额的增长，公司的经营利润也实现了两位数的增长。

二、大数据时代企业财务体系的构建

（一）大数据时代企业的决策变革

决策理论学派认为，决策是管理的核心，它贯穿于管理的全过程。企业决策是企业为达到一定目的而进行的有意识、有选择的活动。在一定的人力、财力、物力和时间因素的制约下，企业为了实现特定目标，可从多种可供选择的策略中做出决断，以求得最优或较好效果的过程就是决策过程。决策科学的先驱西蒙（Simon）认为，决策问题的类型有结构化决策、非结构化决策和半结构化决策。结构化决策问题相对比较简单、直接，其决策过程和决策方法有固定的规律可以遵循，能用明确的语言和模型加以描述，并可依据一定的通用模型和决策规则实现其决策过程的基本自动化。这类决策问题一般面向高层管理者。非结构化决策问题是指决策过程复杂，其决策过程和决策方法没有固定的规律可以遵循，没有固定的决策规则和通用模型可依，决策者的主观行为（见识、经验、判断力、心智模式等）对各阶段的决策效果有很大影响，往往是决策者根据掌握的情况和数据临时做出决定。半结构化决策问题介于上述两者之间。战略决策问题大多是解决非结构化决策问题，主要面向高层管理者。

企业战略管理层的决策内容是确定和调整企业目标，以及制定关于获取、使用各种资源的政策等。该非结构化决策问题不仅数量多，而且复杂程度高、难度大，直接影响到企业的发展，这就要求战略决策者必须拥有大量的来自企业外部的数据资源。因此，在企业决策目标的制定过程中，决策者自始至终都需要进行数据、信息的收集工作，而大数据为战略决策者提供了海量和超大规模数据。

（二）大数据时代的财务管理体系应聚焦落实财务战略

自从 2008 年世界金融危机引发经济危机以来，不论是欧盟、美国、日本等发达经济体，还是以中国为代表的新兴经济体，都经历着经济增长下降、尚未找到新经济增长点的痛苦。作为国家经济主体的大型集团企业，在经济环境的压力和竞争的威胁下，自身的转型及管理升级更加重要。20 世纪 80 年代，以福特公司为首的大型跨国企业推出了一种创新的管理模式——共享服务管理模式（SSC），通用电气等大的跨国公司是最早推行这一管理模式的公司。据了解，"共享服务"的服务范围包括财务、人力资源、法务、信息技术、供应链管理、客户服务、培训等。2013 年 12 月 9 日，财政部《企业会计信息化工作规范》第三十四条明确指出：分公司、子公司数量多、分布广的大型企业、企业集团应当探索利用信息技术促进会计工作的集中，逐步建立财务共享服务中心。

为顺应时代发展，作为亚太本土最大的管理软件及服务提供商，用友公司针对大型企业管理与电子商务平台，推出用友 NC 产品。多年来，用友 NC 根据大型企业的需求不断改进，融入财务共享中心解决方案，其财务共享服务的总体思路是：搭建财务共享平台，实现集中作业，前后台分离，将财务责任主体与作业主体分离，明确企业财务的管理中心、服务中心与服务对象的职能分工，实现集中应收、应付、费用报销服务、集中资金结算、会计核算、报告和资产、薪酬服务，有效控制成本与风险。用友财务共享中心解决方案旨在帮助集团企业建立符合中国国情和企业实际情况的财务共享中心，具体的解决方案包括：动态建模平台支撑财务共享服务中心的组织模式；流程管理平台支撑共享服务模式下的业务流程再造；财务核算体系的标准化和自动化，防错处理提高服务质量，减少人力工作量和降低业务风险；影像及条码管理，解决异地原始单据稽核难题；建立共享服务中心指标监控仪表，合理评价绩效；多接入端的员工自助应用，提高共享服务的应用体验；NC 的国际化能力支撑全球开展财务共享服务。

（三）提升大数据时代的财务战略管理水平

1. 合理利用数据

大数据并不是万能的，在企业管理中，数据只能作为参考或者作为指向性的方针，其并不能解决企业任何方面的问题。尤其在当前条件下，基础数据的真实程度十分低，如果说在数据处理的过程中错用了这些数据，那么得出的结论往往有所偏差，企业如果盲目地相信这些数据，那么所造成的后果会十分严重，所以企业的运营管理还是需要结合自身发展经验和当前的社会现实的。大数据并不是万能钥匙，迷信盲从的结果往往是自毁前程，企业应合理利用大数据，同时更加需要智慧。

2. 以企业实际需求为出发点

由于大数据的利用需要大量的硬件设施投入和人力成本，所以在企业管理中，利用大数据的时候需要做一个全面的把控，结合自身的实际制定适合自己的大数据框架体系。就国内目前对大数据使用的现状来看，我国商业智能、政府管理以及公共服务方面是大数据利用最多，同时也是贡献最多的领域，而企业需要结合自身的实际去使用大数据。从投入成本来看，大部分企业没有足够的能力来使用大数据进行企业管理变革，企业方不要一味地去追求建立自己内部的数据系统，可以考虑用其他的方式来解决，如将自己的企业数据外包出去。

三、大数据背景下企业的财务决策框架

（一）企业财务决策的基础

大数据影响着企业整个架构和企业的分析战略结果。其中，财务数据是大数据中影响企业战略决策的重要因素之一，所以企业在制定战略决策时必须考虑现有资产、负债的总量等财务数据。财务数据对市场营销管理影响很大，在考虑大数据分析的时候不仅要从公司的整体层面去考虑，还要参考财务报表情况，进而优化企业决策结果。大数据下的财务

决策是基于云计算平台，将通过互联网、物联网、移动互联网、社会化网络采集到的企业及其相关数据部门的各类数据，经过大数据处理和操作数据仓储（ODS）、联机分析处理（OLAP）、数据挖掘/数据仓库（DM/DW）等数据分析后，得到以企业为核心的相关数据部门的偏好信息，通过高级分析、商业智能、可视发现等决策处理后，为企业的成本费用、筹资、投资、资金管理等财务决策提供支撑。

（二）大数据下的财务决策框架

大数据下的财务决策框架由数据来源、数据处理、数据分析和企业财务决策组成，自下向上构成一个完整的财务支撑体系。财务决策的数据源主要从企业、工商部门、税务部门、财政部门、会计师事务所、银行、交易所等数据部门获取。这些数据包括结构化、半结构化和非结构化三种数据类型。其中，结构化数据主要以数据库和 XBRL 文件的形式体现；半结构化数据主要由机器和社交媒体生成；非结构化数据主要包括文本、图像、音频和视频等。这些数据基于云计算平台，通过互联网、物联网、移动互联网和社会化网络等媒介进行采集。物联网将企业生产运营的各个环节联结成一个整体，采购、库存、生产制造等流程的数据信息通过云计算平台直接接入数据库。互联网、移动互联网和社会化网络通过云计算平台实时采集企业办公、销售和服务等流程中各种类型的数据信息，并存储到分布式文件系统（HDFS）、非关系型数据库（NoSQL）中，或者形成各种格式的文件。借助物联网、移动互联网等媒介实现财务和非财务数据的实时化收集，可以有效避免由于结算滞后和人工操作带来的会计信息失真，增强财务数据的可信性，提高财务决策的效率和效果。

数据处理层主要是采用 Hadoop、HPCC、Storm、Apatch Drill、RapidMiner、Pentaho BI 等大数据处理软件，对从各个数据部门采集到的各种类型的海量数据进行过滤，获取有用的数据，并实现财务数据与非财务数据的融合。数据分析层主要是通过 ODS、DM/DW、OLAP、复杂事件处理（CEP）等专业软件，对处理后的大数据进行数据分析和提取，形成以企业为中心，覆盖工商、税务、财政、会计师事务所、银行、交易所等相关数据部门的有价值的偏好信息。企业财务决策层主要是对各数据部门的偏好信息，借助文本分析和搜索、可视发现、高级分析、商业智能等决策支持工具，实现面向企业的生产、成本费用、收入、利润、定价、筹资、投资、资金管理、预算和股利分配等财务决策。

大数据下的财务决策除了有益于企业，还可为会计师事务所、工商部门和税务部门等数据部门提供业务支撑。基于云计算平台收集和处理数据，将运营数据保存在各个云端而不是企业自己的服务器上，这给会计师事务所的外部审计带来了方便，减少了企业临时篡改数据的可能性，使审计结果更加可靠。同时，企业在运营过程中产生的财务数据和非财务数据可实时接受工商和税务等政府部门的监管，从根本上避免做假账和偷税漏税等违法行为的发生。

四、大数据在财务决策应用中存在的问题

（一）数据来源方面

要在财务决策中真正实现大数据技术的应用，必须大量收集企业及其相关部门各种财务和非财务数据。企业运营涉及工商、税务、财政、银行、会计师事务所和交易所等多个利益相关者，数据来源众多、渠道较多，需要一个长期的数据收集过程。同时，多方面数据来源易导致数据格式不一致，如 XBRL 标准、Excel 和 Origin 等数据软件都有自己的规定格式，难以兼容。这些问题将导致数据来源不足，使得分析结果存在误差，影响企业管理者及时准确地做出财务决策。因此，企业必须构建完整的数据源管理系统，建立相应的保障机制，保证企业数据收集工作能够长期持续地顺利进行。

（二）数据处理方面

数据处理是对原始的结构化、半结构化和非结构化数据进行分析、运算、编辑和整理的过程。目前最先进的大数据处理软件主要有 Hadoop、HPCC、Storm、Apache Drill、Rapid Miner 和 Pentaho BI 等。这些大多是分布式处理软件，对结构化数据的收集计算技术已经比较成熟，但对半结构化、非结构化数据的处理技术还存在一定的缺陷，无法将大量的非结构化数据与结构化数据进行有效的统一和整合。而目前企业财务决策对于非财务数据表现出更强的依赖性，因此，如何有效处理半结构化和非结构化数据是大数据在财务决策应用过程中要解决的重要问题。

（三）数据分析方面

数据分析是从众多复杂的财务数据和非财务数据中发现有价值的信息，通过提炼、对比等发现数据的内在联系，对未来数据变化进行分析、预测的过程。企业目前主要使用 ODS、DM/DW、CEP 等技术进行分析，非专业操作人员一般利用 OLAP 进行查询操作。然而，由于数据量的急剧增多和数据类型的复杂性，关系数据库已经无法满足需求，企业需要使用多维数据库来提高数据处理速度，促进自身业务发展。因此，如何建立满足企业财务决策需求的多维数据库以及相关维度的合理设定是当前大数据技术应用过程中亟待完善的问题。

第六章 大数据技术的创新应用实践

随着大数据时代的到来，大数据技术对经济社会各个领域的发展均发挥其变革性作用，人们的生活方式也在大数据的影响下发生了翻天覆地的变化，大数据已经成为企业商业模式创新的基本时代背景。

第一节 基于大数据技术的网络直播商业模式创新

自从大数据被提出以来，已经在运用许多行业的多个方面并取得了相当不错的成果，但鉴于其成本较高，只有行业佼佼者才会率先使用大数据工具。此外，政府部门也是大数据工具的重要使用者之一。在实际应用中，例如麻省理工学院利用收集定位数据和交通数据来进行城市规划；洛杉矶警局和加利福尼亚大学合作利用大数据预测犯罪的发生；阿里巴巴利用大数据精确定位不同客户的需求层次，精细划分市场并开展针对性服务，获得了巨大的成功；亚马逊利用大数据构建物流系统，根据用户要求的时间对配送时间进行科学的分配实现精准送达，还可以根据大数据的预测提前发货从而增强企业竞争力。此外，亚马逊建立了一套基于大数据分析的技术来精确定位客户的需求，从客户的浏览历史中分析出顾客的偏好，并将他们感兴趣的商品存放在离顾客所在位置最近的运营中心，以便客户下单。

一、商业模式的内涵

商业模式热潮始于 20 世纪末期的互联网创业潮。互联网兴起之后，涌现出许多新的经营模式，同时网络经济条件下，出现了各种不同的业务流程，不同的收入模式，不同的信息流通方式，迫使企业重新考虑竞争优势的来源、结构，这使企业商业模式受到了从创业者到投资家的广泛关注。人们逐渐认识到，企业必须选择一个适合自己的、有效的和成功的商业模式，从而保证自己的生存和发展。

商业模式一词译自英文词组"business model"。早在1939年，政治经济学家熊彼特就指出："价格和产出的竞争并不重要，重要的是来自新商业、新技术、新供应源和新的公司商业模式的竞争。"并进一步利用创造性破坏的思想指出了企业商业模式及其创新在竞争中的重要作用。1957年，商业模式这一概念作为正文，最早出现在学者贝尔曼和克拉克的文章中。1960年，商业模式开始出现在文章题目和摘要中。20世纪70年代，这一概念开始出现在计算机科学期刊中，当时主要是用于为企业建设与信息系统有关的过程、任务、数据和信息交互建模。20世纪90年代中后期，随着IT技术的进步及其在企业中日益普遍的应用，商业模式的研究逐渐兴起。然而，时至今日，国内外对商业模式的研究，不论是在学术界还是商业应用领域，都尚未形成统一且成熟的理论体系，其原因在于研究者的动机、视角、背景和目的各不相同。因此，重视商业模式基本概念仍是完善其理论体系的必要前提。[①]

国内外对商业模式的概念说法不一，不过简单地讲，商业模式就是企业赚钱的方式。商业模式为企业界定了如下问题：我们向客户提供什么？谁是我们的目标客户？我们如何获得和组织资源以便服务目标客户？构建一个商业模式对于企业在激烈的市场竞争中获取竞争优势至关重要，而商业模式创新对于企业保持持续竞争优势更弥足珍贵。

二、传统商业模式的缺陷

传统商业模式在现代社会中的弊端渐渐凸显，主要反映在以下几个方面：

（一）库存弊端

现代电子商务追求零库存管理模式，运用电商平台将供货方和采购方联系起来，加快物资额流动速度，减少库存费用。传统的商业模式往往需要设置仓库来存储相应的产品，但随之而来的是高昂的管理费用和仓储费用，而且销售环节一旦出现问题，将会给企业带来相当大的损失。

（二）价格弊端

现代互联网技术的发展，使得信息传递速度加快，企业可以通过网络及时掌握市场信息，以根据供求状况的变化制定科学合理的价格。传统的商业模式往往无法获得及时有效的信息，缺乏完整的信息获取和处理链条，对市场情况变动的反应较慢，不利于企业的可

---

① 邱栋：《商业模式革新》，企业管理出版社2018年版。

持续发展。

（三）销售弊端

传统商业模式的销售模式缺乏针对性，很少对客户人群进行细分，顾客的价值诉求得不到满足，而企业的价值创造无法实现，顾客和企业之间的沟通机制出现问题，这是传统商业模式的一个典型问题。

（四）宣传弊端

现代电子商务模式以互联网为主要平台，借助搜索引擎、网络广告以及相关链接等工具进行宣传，以最经济节省的方式获得最大的宣传效果，传统商业模式主要依靠电话营销、电视推广以及传单、宣传册等媒介，费用较高而且受众面小于网络宣传方式，耗费企业大量的人力物力资源。

三、大数据在商业模式中的作用

数据，逐渐成为企业的一种战略资源，蕴含着巨大的商业价值。企业如果能率先发现并利用数据中的信息，就能够在剧烈的市场竞争中获得优势。本文在总结国内外相关文献的基础上，认为大数据对企业商业模式创新有以下影响：

（一）大数据将成为企业决策的重要依据

在传统的企业经营决策中，管理者的"经验"和"直觉"往往起到了主要的决定作用，在非大数据时代企业所能得到的数据量并不多，基于数据分析进行决策可能起不到很好的效果，甚至有时会导致决策的失误。在大数据时代到来以后，数据量的爆炸式增长以及获取数据方式的变革，使得企业获取到的数据量大大超过以往，过去的决策模式渐渐被淘汰，取而代之的是基于大数据的分析而得出的决策结论。几乎每一部门每一方面的决策都可以利用相关的模型对数据进行挖掘和分析，以数据为支撑的决策结果具有更强的科学性和严谨性。

（二）大数据将成为企业对客户做出细分并针对性地提供产品与服务的依据

客户发送在网络上的每一段文字、每一张图片、每一个视频，甚至于客户的地理位置信息都反映了客户的喜好等信息，收集这类信息并对客户群体进行分类，针对不同的群体采取不同的策略。例如，当我们去银行办理业务时往往需要填表，这些表格汇聚在一起后可以分析出顾客的类型，并有针对性地推荐不同的理财产品，这种营销策略相对而言有着较大的成功概率。

对大数据的分析使得企业可以针对客户的需要生产相应的产品，安排合理的流程布局并及时发现企业中存在的问题，在赢得顾客关注的同时扩大了市场。例如，移动、联通和电信服务公司通过分析客户的话费构成、流量使用情况等了解客户对通信服务的实时要求，并有针对性地推荐不同的产品组合，使得业务效益获得了增长。

（三）大数据成为企业预测市场趋势的工具

大数据的趋势预测功能在现代社会中显得越来越重要。互联网以其真实信息的相对隐蔽性使得很多网民愿意吐露出自己的真实想法，而这些微小的不经意间的行为常常包含着重要的商业价值。谷歌利用大数据提前预测了甲型 H1N1 流感的传播就是一个经典的案例。谷歌工程师们从数以亿计的搜索指令中筛选出检索最为频繁的词条，并将其与美国疾病控制中心在 2003 年至 2008 年的数据进行比对，建立相关模型，从而在第一时间判断出了流感的传播源。这一预测与官方的数据相关性达到了 97%，而且预测的地理位置也十分准确，但在时间上提前了一至两周。

（四）大数据在企业管理制度及运营方式创新中具有重要作用

大数据技术的发展和成熟，使其在商业中获得了越来越广泛的应用，基于大数据的商业模式构建的案例也越来越多，很多企业也通过利用大数据获得了更好的发展。企业利用自建数据库收集顾客的信息，通过这些信息对企业的管理制度、生产流程以及销售方式进行改革，进而推动商业模式的创新。万达影城以其独特的运营模式在整个电影院线行业中独树一帜，根据相关数据显示，仅仅在 2013 年全国范围内新开业的影城中，就有多达70% 的电影院处于亏损状态，但万达能在这种环境下实现 98% 左右的新开影院的盈利。万达利用城市中的顾客消费情况、交通状况等数据，实现精确选址，再搭配上万达广场，形成了其别具一格的商业模式。

四、基于大数据的网络直播商业模式创新

（一）网络直播商业模式发展现状

我国网络直播始于 2005 年，2014 年—2016 年进入爆发期，主流视频网站纷纷布局直播业务，据中国互联网络信息中心（CNNIC）发布第 45 次《中国互联网络发展状况统计

报告》数据显示，截至 2020 年 3 月，我国网络直播用户规模达 5.60 亿，较 2018 年底增长 1.63 亿，占网民整体的 62.0%。在行业监管方面，随着监管机制进一步完善，《网络直播平台管理规范》等制度的发布在一定程度上规范了网络直播市场，一些涉及低俗、色情内容的直播平台相继关闭。可以预测的是，未来直播行业围绕内容生产的竞争将会更加激烈。

裴晓华等归纳了网络直播企业两类商业模式，分别为 UGC 和 PGC 模式。UGC（User Generated Content）模式即以用户为中心的内容生产方式，其特点是零门槛、成本低、直播内容良莠不齐，在直播行业迅速发展的前期广为应用，但随着国内直播市场的饱和以及直播内容同质化严重，许多用户对 UGC 模式的直播内容产生了审美疲劳，因此以专业为核心的 PGC（Professional Generated Content）模式顺势被推出。从 2017 年开始，各个直播平台都在鼓励和挖掘有创造能力的主播和运营团队，这代表 UGC 模式为主的阶段已经向 PGC 模式转变。PGC 模式主要通过不断进行内容创造与运营激励，制造出带有平台特色的独特内容来吸引某一内容下的同质用户，同时推动平台的内容多样化，满足不同用户的不同需求。在 PGC 模式下，用户黏性和忠诚度通常更高，但 PGC 模式的主要问题在于其高昂的直播成本以及市场需求。现阶段，我国直播平台均未采用单一的 UGC 模式或 PGC 模式，而是将 UGC 模式与 PGC 模式结合起来。这种融合生产模式综合了两种模式的优点，并对模式现存问题进行了优化。

（二）网络直播企业商业模式问题分析

1. 内容低俗化、同质化严重

目前我国网络直播行业的价值取向整体偏低，主要表现为内容低俗化，大多数直播平台和网红都以"美女真人主播""在线小鲜肉"等标题夺人眼球，利用人们的猎奇心理制作传播具有低俗意味的视频，甚至一些主播以身试法，打擦边球，在黄赌毒的边缘疯狂试探，这对于我国网络安全环境造成很大影响，同时对我国青少年的成长也产生负面作用。另一方面，由于很多直播内容同质化严重，导致没有广告商愿意对这些内容投资，因此平台流量很难变现。

2. 价值网络关系失衡

公会签约主播，主播通过直播平台与用户进行以直播为媒介的交流，四者之间构成了直播企业的价值网络。当前各个网络直播平台的竞争愈发激烈，特别是为争夺主播和用户资源开展恶性竞争。目前我国直播行业以对热门主播多方营销为主，通过赚取流量的方式拟定直播价值，充满正能量的直播内容往往遭到忽视，这就造成直播间低俗节目普遍化，优质内容发展空间反而缩小。

3. 盈利模式较为单一

目前网络直播行业主要依靠用户打赏、主播插入广告以及用户购买道具、办理 VIP 等方式进行营利，营利方式较为单一，缺乏多样性，尚未建立新兴的电商与直播相结合的相对完善稳定的盈利模式，这也是当前直播行业普遍营利状况不佳的重要因素。

五、基于大数据应用的网络直播商业模式创新途径

基于商业模式九要素模型的商业模式画布法可以还原直播企业创造、传递价值和获取价值的基本过程，有助于企业与客户建立直接的交易通道，共同创造优质的商业价值。本部分分别阐述大数据在直播商业模式创新三个阶段中的应用。

（一）基于大数据应用的网络直播商业模式价值定位创新

1. 精准市场划分，找准企业定位

价值定位是指企业了解客户的需求，确定如何提供符合不同客户细分群体偏好的产品与服务的筹划。在全民直播时代，如何在众多直播平台中找准自己的定位是每位企业决策者必须面对的问题。确定直播平台的定位需要了解自己的产品情况、平台特点、目标用户以及内容形态等，这样有助于直播企业找准自身的立足点。根据直播企业自身优势及战略目标划分多个目标市场，并对不同的客户群提供不同的服务，可以让有限的资源发挥出最大的价值。大数据在直播企业市场定位中主要作用在两方面：一是大数据使直播企业进行市场细分的基准由人口变量和地理变量过渡到行为变量和心理变量。直播平台通过用户的观看喜好、行为习惯、消费记录等数据指标挖掘用户类型、兴趣爱好、生活方式、消费能力等抽象的消费者特征，从而对直播市场进行细致的划分，使市场划分更加科学有效。二是直播企业可以利用大数据平台获得整个行业的数据，对直播市场容量、规模、发展趋势进行针对性的市场分析和预测，根据平台现有的数据资源来判断目标细分市场是否具备可实施性、可盈利性等细分市场必须具备的特征。

2. 洞察核心需求，创新价值主张

网络直播企业必须做到把发现需求和创造需求更好地结合起来。一方面，直播平台要善于发现用户已经存在但未得到满足的需求，并针对这些需求进行改进和完善；另一方面，平台要着眼于发掘并创造用户未来可能会出现的需求。利用大数据采集技术收集产品

相关玩法的使用信息，通过大数据的预处理分析技术刻画用户对现有产品和服务的期望值，对现有产品或服务进行改进，并设计出满足直播消费者市场的新内容及服务，创造具有平台特色的价值主张，获取行业内部的竞争优势。

（二）基于大数据应用的网络直播商业模式价值创造与传递创新

1. 完善价值链，优化平台运营

价值链是分析企业创造价值能力的一个基本分析工具，通过各个生产经营活动之间的联系而形成，例如采购、生产、销售、交货和售后服务等。价值链的各个环节都可能成为网络直播商业模式创新的突破口，带动网络直播商业模式整体的变革。运用基于直播的后台数据管理系统，通过大数据的采集技术和预处理技术统一对直播数据、主播数据、用户行为数据、产品数据等海量数据进行数据清洗和数据集成等处理，可以使处理后得到的数据规范化、一致化。运用数据分析及挖掘技术可以将价值链各环节的业务指标可视化，实现对价值链各环节的计划、协调、控制，达到直播平台价值链整体的完善和升级。同时，通过数据分析技术可以优化价值链各环节中的薄弱部分、改进产品及服务质量、提高资源配置效益、优化平台运营，最终实现数据升值和利润的增加。

2. 平衡价值网络，创造关系价值

价值网络提倡不同企业将自己的优势结合起来，形成包含渠道、供应商和客户的网络运营体系，以此来体现整体的客户价值、文化差异，从而提高各个企业的群体性优势以及对风险的应对能力。对于价值网络来说，其中的任何一方都是密不可分的有机体，其实现价值的方式就是结合每个有机体的优势和劳动价值，从而起到相互促进的作用，实现成果扩大化，以共赢的方式追求最大价值。从网络直播行业的角度来看，价值网络的参与者有运营平台及员工、公会、主播、合作企业以及用户等，通过价值交换来维护各方面的关系，通过多方合作来产生共同价值，增强网络直播行业的商业价值和模式多样性。

（三）基于大数据应用的网络直播商业模式价值获取创新

1. 优化成本结构，实现成本控制

成本结构是指企业对自身成本要素分布的安排，如图 6-1 所示。直播平台的成本结构主要由三个板块构成，包括带宽和服务器成本、内容成本和运营成本，其中内容成本又分为主播签约成本以及版权成本。

许多直播平台由于高昂的带宽和服务器成本长年处于亏损状态，而节约带宽成本是实

现成本控制的关键。大数据应用主要通过两个方式降低带宽和服务器成本的占比。一方面，当面对用户数量不可预测的情况时，例如大型赛事直播、平台大型活动等，为了在优化用户体验的同时兼顾带宽和后台服务器费用的节约，直播平台可以基于大数据的实时流计算技术对直播间观众的数量进行实时监控，有效防止由于服务器提供的不及时导致用户出现卡顿的状况，优化用户体验，同时避免由于预案不准确提供过多的服务器而浪费费用；另一方面，直播平台服务器的转码也是一笔不小的开支，平台可以将粉丝数、活跃度、盈利能力、实时观看人数作为指标，通过大数据技术对平台内所有主播进行分类，选择是否开放转码服务，节省不必要的支出，实现成本控制。

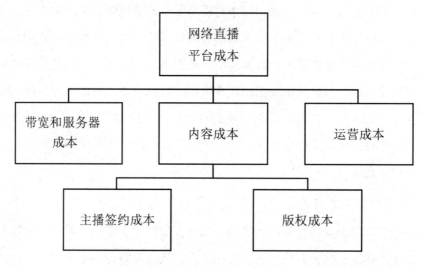

图 6-1　直播平台成本结构

2. 增加收入来源，创新盈利模式

目前直播平台的主要收入来源是用户打赏主播的付费虚拟道具，这占据了网络直播平台收益的绝大部分，也是直播行业的共性；另外，广告投放收益也构成了平台收益的一部分，包括平台界面广告投放、直播内容植入广告、主播推广等形式。总体而言，直播平台的收入来源比较单一，盈利模式亟须创新。现阶段创新方向就是通过直播与其他产业相结合，实现虚拟经济与实体经济的融合，拓宽营利渠道。除淘宝直播这类内嵌式的直播平台外，平台只有依靠跨界的数据流动，才能实现跨行业的合作。因此，构建有效的数据交易体系与数据价值的评估体系，加强不同领域之间数据融合的应用效果，是直播行业增收的发展方向。

第二节　基于大数据技术的公立医院管理系统创新

一、现状分析：公立医院尚未真正形成基于大数据的医院管理系统

当前，大数据已经在工业制造、金融、保险、媒体等行业得到初步的应用，虽然国内的公立医院早在 20 世纪 80 年代就已经开始在病患住院费用管理、挂号费、医院考勤制度、医用器材及药物成品管理等方面，布局单机版的信息管理系统，但这些系统和数据，仅仅是作为一种医疗业务的支持辅助，并未在各个科室、系统之间打通，无法进行必要的数据归集和分析。因此涉及公立医院管理的中观领域，大数据技术的利用价值还有待进一步探索和发掘。

（一）传统信息系统积累的基础数据，质量缺乏保证

现有的大部分医院信息系统是在基于数据仓库的基础上进行联机分析处理，以实现基于全院管理视角获取全局数据，并针对这些数据进行快速、多角度、交互式的深入分析。这些系统在建立之初为医院的管理工作提供了许多便利，但在实际工作中过分强调功能、轻细节、忽略了系统核心作用价值，系统产生的决策分析缺乏前瞻性、指导性，不能真正实现决策支持的最终目的。

基础数据质量直接影响着医疗信息的真实可靠，也客观地反映医院医疗质量的高低。当前，公立医院使用的各业务信息系统，在数据录入时缺乏有效性验证和维护，造成数据不准确，降低了数据的可信度。

（二）信息处理功能的单一

目前软件应用系统在前台工作处理上面的功能比较全面，但是在我们后台的数据分析工作上面能力有限，它没有更好的办法去服务我们医院管理层的科学决策。

（三）缺乏对医疗语言标准化的规范

医学的语言丰富多样，而临床数据范围广泛且种类繁多。在信息技术已成为被普遍采用的医疗服务辅助工具的今天，如果未正确使用标准化的数据定义语言，计算机执行命令时可能会因为数据采集者与数据提取、分析者的理解存在差异，导致计算机数据分析过程

和结果出现混乱。

在汇总不同医生记录的数据或进行时间趋势分析时，含糊、缺乏标准化的词汇描述则会成为决策支持系统实现的障碍。如病历记录病人"肿瘤"，而另一个记录该病人"肿块"，计算机自动分析程序会将病人在这两种情况下的临床表现判断为两个问题。

另一方面，医院信息的分类代码、处理流程及报表的格式等都存在着不规范性、不一致性，而软件产品的灵活性及通用性也很差，所以导致软件升级扩展的难度很大，信息网络化的程度也很低，无法进行资源的共享。

（四）数据分析智能化程度是较低

决策问题广泛存在于整个医院的临床和管理各个层次、各个方面。无论是医生的医嘱处方、医务人员的诊断、护士的护理方案，或医疗设备的引进、人员和病床数据的增删，还是医院设计项目的取舍、宏观的发展战略，都渗透着决策的理念。这些需求的实现不能仅仅取决于几张报表、几个数据。

现有的大部分决策支持系统仅停留在简单的数据报表功能上。通过报表可以显示出数据的增减，但未实现决策支持系统的核心，即分析挖掘功能。简单的数据报表无法展示出各项数据背后所隐含的信息。

（五）应用功能在临床领域的普及率低

大多数公立医院至今还未构建出一个以病患需求为主的数据信息管理系统，甚至连病患信息查询系统、临床数据管理系统及财务管理系统的打通都没有实现，可见，公立医院普遍存在着数据应用功能在临床领域的普及率不高的问题。

（六）大数据尚未在医院的精细化管理中发挥作用

精细化质量管理体系，应该建立在医院运营数据的基础上，涉及医院门诊、急诊、住院中各个业务环节，是一个数据体量较大、数据结构复杂、数据类别繁多的数据集，属于典型的大数据应用。

在理想状态下，医院的信息管理系统可以通过对医院业务过程的数据采集和管理分析，从海量数据中发现医院管理缺陷、医师医疗水平和改进方向等问题，并通过预测未来趋势，及时提醒医院管理层采取应对措施。基于大数据技术的信息管理系统，可以通过建立全方位的治疗过程数学模型，系统地分析患者从门诊、急诊到住院的治疗、检查、用药的过程数据，分析医师治疗手段和科研教学的质量。

这种基于大数据技术的精细化管理系统的运转，除了必要数据分析技术的提升以外，还需要对接、联通医院内诸如医院信息、临床检验信息、医学影像存档与通信、病案管理、医保管理、满意度调查、科研管理、教育管理、人事管理等主要业务系统，整合建立起医院整体的数据中心库，并利用大数据分析技术，将各个子系统产生的业务数据实时抽取，并依据相关标准、规范、规则对数据及时整理。但在目前的情况下，很多公立医院是没有这样的技术能力的。

二、解决方法：有效搜集存储海量数据，化大数据为支持决策的信息

大数据技术的核心问题是如何从规模巨大、种类繁多、生成快速的数据中挖掘有价值的信息，以集成现有结构化和半结构化数据、探索和挖掘非结构化数据为主要方向。基于大数据技术的医院管理系统，目的在于有效合理手机和存储医院海量的数据，集科学、便捷、有效的数据诊断、聚合与分析方法，为医院管理层提供实时的分析数据，力求将数据中存在的价值挖掘，并转化为可以理解的信息。在数据分析的思路上，需要树立实时分析和离线分析相结合，以及强化医疗领域非结构化数据挖掘的思路。

针对上述梳理的具体问题，本文认为解决问题的可能性路径集中在以下三方面：

（一）构建医学信息标准体系

依据临床医学理念的多样性及丰富性，我们应当合理规范医用术语的标准化，来提升数据编码的科学性、实用性；还应当对各种疾病、医药及医学操作术语等做一个统一的编码，从而提升我们对疾病分类的细致性。在保证医学文档模板化的同时，应该及时更新文本的格式，来方便医生在电子病历上记录病患的特殊信息。

为实现医用数据的共享及交换，还须建立一个统一的数据交换标准，来方便公立医院提供对医学研究的技术支持。

（二）引入大数据平台，统一数据管理与分析

公立医院可以通过引进大数据平台，来提升医院的信息管理功能，并实现医疗数据基于大数据的统一的存储、管理及分析。基于大数据的管理系统在传统的数据仓库管理基础上，进一步融合了大数据的思想，并向数据大集中的方向发展，提升了数据的协同性；对目前医院的成本管理、预算管理及绩效管理都具有很大的应用价值。

（三）四步走：从基础设施的升级到智能化决策

基于大数据技术的信息化管理系统的最终实现，必然是随着技术进步不断更迭的进化

过程。因此，站在医院管理的层面，要有分阶段实施、稳步发展的准备。

第一步，公立医院首先要进行基础设施的升级改造。构建起与人工管理体系平行的大数据管理系统，实现各类管理数据的海量获取、复杂模拟、及时反馈和自动调控，做到"人、机、物"的三元融合，有力支持医院科学决策、高效管理和精确保障。

第二步，实时精准监控。在第一步基础上，实现对医院管理常态化和非常态化数据的实时获取、精准监控、全程覆盖和动态分析，对诊疗服务过程、药材配给及后勤运行流程、经费全程管理，乃至患者人流、车流及水电气暖等地下管网的智能化控制。

第三步，辅助管理支持。构建医院管理综合信息系统、智能分析和决策系统，在运行监控的基础上，完善医院各类事物的常态和应急管理机制。在医院人流、物流、资金流智能控制的基础上，实现对医院公共设施和环境的智能管理控制，由单系统分别控制扩展到全程透明、综合集成控制。

第四步，决策研判智能化。整合医院的系统级应用，建成数字机关、数字科室、数字病房、数字实验室、数字库房等，实现医院管理各级职能的数字化，尤其是通过大数据技术分析、预测、研判医院发展的现状、短板、趋势和走向，能够研发指导医院建设管理的长期性、方向性备选方案，使医院的各项决策都建立在信息化、数据化、智能化、智慧化的基础上。

第三节　基于大数据技术的市场营销管理方式创新

一、传统市场营销行业在大数据时代面临的压力

（一）时间压力

当前的时代是后信息化时代，信息的更新、转化、传输呈现出越来越快、越来越多样化的特点。"谁掌握了信息谁就掌握了市场主动权。"这句话在目前的市场营销行业显得尤为重要。传统市场营销行业制定策略、设计方案、实施做法往往需要几年时间的调查、研究、实施和讨论，而大数据时代千变万化的市场信息给市场营销行业带来了巨大影响，在市场和时间面前，市场营销行业显得越来越力不从心。

（二）平台压力

传统市场营销行业以报纸、广播、电视为主要平台和载体，这些传统传播工具在科技

和社会的快速发展过程中已经与公众拉开了一定距离，以微信、支付宝、拼多多等新型社交工具和销售平台为代表的市场营销新载体越来越受到社会的认可，而很多企业和商家并没有对这种现象进行全面理解，还是将市场营销工作更多的资源和资金投入传统平台，造成了传统市场营销行业的效能不足。

（三）方式压力

传统市场营销行业面临着消费方式和交互方式的双重压力，一方面，消费者更多地采用微信、支付宝等在线支付手段，导致传统市场营销策略难以做到对整个行业消费信息的全面掌握，无法做出准确的市场营销决策。另一方面，随着今日头条、拼多多、抖音短视频等新一代互联软件的广泛应用，逐渐在网络平台上建立起了新的市场营销方式，这些软件以更为新颖的方法和更为贴切的方式获得了消费者的认可，而传统市场营销行业难以获得相关的数据和信息，不了解最新的消费趋势，拉开了与客户之间的距离。

（四）数据压力

传统市场营销行业以市场调查、消费抽样、客户访问等形式进行研究和分析，进而得出市场营销的结论和决策。而在大数据时代，消费者、客户、市场信息呈现出了瞬息万变、差异显著的特点，再依靠传统的信息调研方式已经不能适应海量的数据市场，做出的市场营销决策难以满足市场需求，导致市场营销工作出现了低质量、低效能的问题。

二、大数据在企业市场营销中应用的优点

（一）数据容量较大

传统模式中是使用关系型数据库作为信息系统的基础，相比之下，大数据具有更加庞大的数据容量，数据挖掘能力也更为突出，可以快速在海量的数据中获取具有价值的数据。因为大数据的管理和储存具有非常高的技术性，所以出现了很多专门提供大数据收集和处理的企业，通过更为专业和科学的操作提高大数据的应用价值。数据容量一定程度上体现着数据的价值以及可能包含的潜在信息量。大数据的应用能够为企业的市场营销工作提供新的突破口。对数据进行处理后可以获取到有价值的信息，结合自身的实际需求，企业可以进一步分析和细化特定信息。比如，可以对消费者群体进行划分，采取差异化销售战略，提高销售率。

（二）数据收集高效

如今，大部分数据的产生都逃不过互联网的覆盖，促使着电子商务产业飞速发展，而互联网+的营销模式更能在信息化社会中发挥作用。通过对互联网上的实时数据进行收集和统计，制订网络信息化营销规划，有效整合经济环境、社会环境、市场环境以及技术环境等各个方面的信息，精确掌握市场的发展趋势，合理控制风险，从而确保营销策略的合理性与可操作性，降低经营风险。及时地获取实时数据，有利于消除企业传统营销过程中的滞后性。传统的市场营销工作中，企业仅仅通过自身的数据进行决策和实施，这些数据基本上来源于各个销售人员，销售人员能够收集到的信息非常有限，缺乏及时性和全面性，导致决策结果不够科学。这样一来，企业市场营销的目标不能适配消费者的实际需求，产品在市场上便不能得到认可，目标客户群体也会出现流失现象，无法在市场竞争中占据有利地位。大数据的高时效性可以很好地解决这一问题，一方面可以让企业充分了解消费者的需求，另一方面还可以收集消费者的反馈，为决策的调整提供科学参考。

（三）数据样本丰富

海量的数据中样本数据必然十分丰富，对典型数据进行挖掘，加以分析和整理，可以推断出市场发展的规律，为企业提供参考。全面丰富的数据一方面有利于企业掌握历史规律，另一方面还可以对未来的发展趋势进行预测。消费者的需求是企业市场营销策略决策的重要依据，从而制定出营销目标、成本以及渠道等。与传统模式下的市场营销策略相比，基于大数据的市场营销管理可以提高企业的创造性和主动性，对消费者和市场的信息进行整理和分析，细化市场，按消费者特征分类，精准筛选消费者目标群体，提高市场营销的精准性。此外，对各种经典理论进行有机结合，灵活选择和制定市场营销策略，以多角度、多方位和多渠道的模式做好营销工作，维护老顾客，吸引新客户，树立起良好的企业形象和品牌形象。

（四）数据价值较高

社会发展愈加信息化，大数据成为社会中非常重要的财富，其中核心数据的商业价值更高。企业借助大数据技术，对其中蕴藏的信息进行挖掘，构架数据预测模型，通过预测结果可以规避风险并更好地掌握市场动态。像阿里巴巴、腾讯以及百度等实力强的互联网企业，获取数据的成本非常低，并且数据更为丰富和详细，这些企业往往十分注重客户信息的获取与统计，最大限度上明确消费者的需求，并主动提供服务。此外，大数据分析还可以对消费者目标群体的行为偏好以及需求进行精准预测，推动企业有目的地创新，在市场中得到更多消费者的关注和认可。同时，与传统模式中的营销渠道相比，互联网营销具有更低的成本，尤其是中小型企业，通过流量较高的电商平台或者社交媒体平台开展市场营销工作可以获得更加理想的效果。

三、大数据背景下企业营销管理面临的机遇

（一）企业降低营销成本的手段更加多元化

在传统营销模式下，企业只能通过一些间接的渠道了解消费者需求，导致了消费者信息的片面性，降低了资源的利用效率，不利于市场长期稳定发展。大数据信息库为企业提供了大量有用的客户信息，企业利用数据信息制订合理的经营策略和发展规划，正确预测未来市场发展情况。从而有效避免传统营销模式的不利影响，提高资源的利用效率，提高企业的经济利润。大数据技术也可以为企业配比相应的供应商，提高了资金的使用效率，节约了营销成本。

（二）企业服务模式更加人性化

企业的服务模式影响着企业的销售情况，人性化的服务模式能让企业摸准消费者的需求，有针对性地制订生产和销售方案，发挥每一件商品的社会价值。大数据技术能够实现企业对消费者需求的分析，有利于企业完善服务模式，刺激消费需求，增加营业利润，为企业制订出更有针对性的营销方案提供便捷之处。传统的营销模式信息获取速度较慢，导致无法及时了解消费者的需求，具有一定的滞后性，大数据信息可以为企业提供更加精准的消费者数据，从而有利于企业制定更加人性化的服务模式，满足客户的体验需求。

（三）便于与客户建立长期友好的合作关系

大数据背景下的精准营销，可以提高客户的消费满意度，企业也能够达到营利目的。利用大数据技术对消费者的信息进行分析，全面了解消费者的需求，利用分析结果，为消费者推送喜爱的广告信息，满足消费者的服务需求。为了进一步优化企业的营销服务，企业应与客户建立良好的关系，有利于企业今后的市场营销，能够提高企业与客户之间的沟通效率，增强彼此的信任度，不断为企业谋取更大的利益。

四、大数据促使企业改变营销管理方式创新

（一）建立健全的营销体系

企业运用大数据信息提升企业的营销管理水平，属于信息时代发展的必然潮流，也是营销管理创新的内在需要。从大数据分析的价值体现来看，企业的营销管理是否真正顺应信息时代发展，主要看企业在大数据浪潮下是否真的拥有数据分析的能力和大数据的意识。如今，大数据已经深入全球的各个行业，如果企业家们对其视而不见或者退而远之，后果就是被同行业的优秀企业所淘汰。企业将大数据完全融入到营销管理中，首要前提就是树立大数据意识以及以数据为支撑的价值观和制度体系，建立健全的大数据背景下的营销管理体系，这样才能为企业真正利用大数据发挥其经济价值提供基础。其次就是不可或缺的技术开发，企业应该对大数据研究分析所需要的各种技术加大投入，因为这些相关技术除了大数据技术和其他先进技术，还包括营销技术和管理技术。与此同时，企业仍然需要培养专业优秀的企业营销团队，这样才能更好地将大数据背景下的企业营销价值彰显出来。另外，企业还要有一种规避营销风险的能力，企业只有有效消除风险和建立健全营销体系，这样企业在市场营销管理效率才会提高。

（二）建立信息安全制度

企业在大数据中选取对自身有用的数据信息时，为了保证企业数据信息的安全性，企业应该实施营销精细化管理。在大数据背景下，企业运用的数据很多是基于复杂多变网络关系得来，这些数据库中不论是数据库商户还是客户，都在改变自己的角色定位，只是唯一不变的核心就是数据价值，在这种情况下，数据信息安全就显得越为重要。但是当前越来越多的信息泄露事件，大大地降低了顾客们对企业的信任度和忠诚度，这一变化也对企业销售数据产生很大冲击，所以数据信息安全制度建立应该放在营销管理的首要位置。

（三）创新企业营销渠道管理的策略

创新渠道管理是企业销售管理的重要内容之一。首先，企业要增强创新能力，坚持多渠道管理策略。只有这样，面对激烈的市场竞争，企业才有能力站稳脚跟，顺应时代发展趋势，满足人民日益增长的需求，使营销策略能够符合市场大环境的发展状况。随着互联网信息技术的不断涌入，利用网络来拓展企业的营销渠道，实现企业的不断发展。企业应系统地分析其所处的市场环境，以分析的结果为依据来调整企业的营销策略，突破以往的

营销模式。现代网络背景为大数据技术提供了有利环境，拓宽了营销渠道，企业可以实现线上、线下两种营销方式。其次，创建高质量的服务渠道。信息技术的发展为企业提供了庞大的网络消费群体，企业要利用这一发展趋势，充分了解消费者黏性构筑，步入营销管理新阶段。因此，企业要在网络背景下构建优质网络服务渠道，缩短中间步骤，方便群众购买，吸引消费者的注意力，同时，还能培养消费者的消费习惯。例如，在网络购物平台中，增加用户的支付方式。随着网络支付手段的应用与发展，企业应该为消费者多元化的支付方式提供平台，不断增强企业的包容性，扩大消费群体，提高消费者的消费动力和潜力。再者，企业在开发软件时，可以增加一些如一键跳转等方便快捷的功能，操作简单，实用性强，可以优化消费者的购物体验，同时，也是创新销售渠道的方法之一。

第四节　基于大数据技术的公共安全治理创新

人类的历史就是一部与各种不安全因素做斗争的历史。在人类求生存、谋发展的艰辛历程中，危险和灾害考验着人类的智慧和能力，其中又孕育着发展良机，"危机"常常成为推动人类社会进步的契机。对公共安全的演变和发展的研究试图厘清我们所面临的潜在威胁，描绘一幅人类和自然灾害搏斗、保卫国家安全、保障劳动者生产安全、维护社会稳定和安全的多角度、全方位的画面。人类在漫长曲折的进步发展中，对公共安全的理解不断深化，公共安全所保护的领域也不断扩大，从强调抗灾到重视防灾、减灾，从传统的国家安全到包括人类社会各个领域的非传统安全，从强调保护生产者的安全科学到"大安全"概念的兴起，这些都表明人类在公共安全领域越来越重视人权和公共利益的保障，也是人类追求更加和平安宁、和谐发展的世界的努力。

一、公共安全问题概述

（一）公共安全问题的演变

人们对公共安全的理解有一个安全内涵扩展的过程，在这个过程中公共安全所涉及的范围逐渐扩大，领域不断拓宽，保护对象逐渐明确。其发展主要经历了三个阶段，即初始阶段、罪化阶段和泛化阶段。在初始阶段，公共安全主要是为了群体安全防御自然灾害和保护主权国家的安全；罪化阶段的公共安全主要针对威胁人身权利和社会稳定的危害公共安全罪行的惩罚；泛化阶段的公共安全领域进一步扩展，既有维护市场秩序的考量，又关注食品安全、反恐等非传统安全领域的问题。[①]

（二）安全与公共安全

安全是我们日常生活中出现得较为普遍的词语，简单来说就是没有危险。在《现代汉语词典》中，安全解释为"没有危险；平安"。《辞海》对安全的定义是"没有危险；不受威胁；不出事故"。从安全的定义来看，公共安全就是公共领域没有危险，不受威胁，不出事故。但对公共安全的界定，学者们从法学、国家安全、社会学、公共管理学及心理学等角度给出了不同解释。本书从公共管理学的角度进行分析认为，公共安全是指公共领域的基本价值、基本规范、基本利益等未受到威胁，从而能够沿着公共生活的固有逻辑或者人们的预期正常前进的状态。公共安全也可以是指在人类生产过程中，将系统的运行状态对人类的生命、财产、环境可能产生的损害控制在人类能接受水平以下的状态。它主要强调公共安全还是安全范畴，其范围是公共领域，相对于安全来讲，范围较小，属于安全概念的外延。它是指多数人的生命、健康和公私财产的安全，具体来说在自然灾害、安全事故、公共卫生和社会安全事件发生过程中，将人员伤亡或财产损失控制在可以接受的状态。

（三）城市公共安全的基本含义

随着城市环境恶化、人口增多、经济和社会问题集中出现，城市公共安全面临更大的威胁，各种突发事件爆发可能性更大，城市风险防控越显重要。城市安全是城市可持续发展、健康发展、稳定发展的前提和重要保障。为了保障市民生命和财产安全，将城市风险威胁控制在最低范围内，政府采用法制化、规范化的防控手段加以干涉，尽量保持社会生活的正常秩序。城市公共安全有广义和狭义之分，狭义的城市安全主要指与人身安全和财产安全密切相关的安全，即城市治安安全。广义的城市公共安全指城市及其人员、财产、城市生命线等重要系统的安全，是城市及其公民、财产的安全和安全需要的满足，是城市依法进行社会、经济和文化活动以及生产和经营所必需的良好内部秩序和外部环境的保证。城市公共安全主要由政府和社会提供有效的预防措施，减少或避免各种事故和灾害的发生，保障人民生命财产安全，减少社会危害和经济损失。城市公共安全专门研究城市中由于自然因素和人为因素所导致的事故灾害及给城市带来的风险。本书主要强调的是广义的城市公共安全，涉及社会、经济和文化以及生产和经营等所有领域内容内部秩序和外部

[①] 赵玲、陈家华、王凯民：《公共安全问题与公共安全感：基于海市民公共安全感调查的研究公共安全与危机管理》，上海三联书店2015年版。

环境的正常运转。

（四）大数据与公共安全

在社会公共安全领域，大数据有着广阔的应用空间。公共安全领域中的大数据信息主要包括社会治安类安全信息、消费经济类安全信息、公共卫生类安全信息、社会生活类安全信息等类型，这些信息为公共安全治理的改善创造了有利条件。

公安大数据解决方案基于大数据技术，有效整合集成各种数据资源，来构建大数据量和动态海量数据库体系，建设智能搜索门户、专题应用课题以及建立统一监控机制，有效提升公安工作的情报洞察能力、分析决策能力、指挥管理能力、侦查破案能力和服务社会能力。

利用大数据可以预防和打击犯罪。用云计算以及大量数据定位那些最易受到不法分子侵扰片区，利用大量数据创建一张犯罪高发地区的热点图。在研究某一片区的犯罪率时，将相邻片区的各种因素列为考虑的对象，为警方更具针对性地锁定犯罪易发点、抓获逃犯提供支持。

公安大数据带来了数据与信息处理方式的根本性变革，有助于公共安全治理者风险认知能力的提升。大数据时代的公共安全治理面临大数据收益与成本、保障安全与诱发风险、信息开放与隐私保护以及技术发展与管理滞后之间的矛盾。大数据时代的公共安全治理应走向"智慧治理"模式，它强调以大数据为代表的知识与技术的广泛性应用，借以提升国家与政府应对公共安全事件的能力。

二、公共安全大数据的定义和特点

（一）公共安全大数据的定义

公共安全大数据是指围绕社会公共安全需求、国家政策法规允许的、用于支持公共安全保卫的所有数据。按照数据采集方式来区分，公共安全大数据的主要数据来源有以下三类。第一类是对象被动产生的数据。这类数据主要是通过强制的法规或者各种手段，公共安全案件涉及对象产生的数据，如宾馆住宿时需要登记身份证信息、乘坐飞机高铁需要进行安检等。第二类是对象主动产生的数据。这类数据主要是公共安全案件涉及对象在案件过程中，为了达到犯案目的，在犯案过程中所主动产生的数据，如同伙之间的通联数据、案发现场留下的生物特征信息等。第三类是对象自动产生的数据。这类数据主要是从对象身上自动获取的数据，如人的定位信息、车辆的定位信息等。公共安全大数据涉及的技术是指针对公共安全大数据，采用挖掘、分析、提炼等手段获取其相应的价值，并且进行有效的展示与研判的一系列技术与方法，包括数据采集、预处理、存储、分析挖掘、可视化、数据安全等过程。公共安全大数据的应用，是针对特定的公共安全大数据集，采用特定的技术方法，获取特定相关应用的有效数据价值的过程。

（二）公共安全大数据的特征

公共安全大数据具有一般大数据的特征，包含以下四个方面：

1. 数据量巨大（volume）

公共安全大数据的数据量规模巨大，单以视频监控举例，视频数据有着巨大的容积，以一个城市为例，安装了多台摄像头，每台摄像头每天收集超过固定 GB 数据量级的高清视频数据。

2. 多样性复杂（variety）

公共安全大数据的数据类型多样，数据来源众多，数据模态种类多。

3. 数据产生速度快（velocity）

公共安全大数据产生的大多是实时性数据，需要极快的处理速度，同时由于案件的快速分析需求，对数据的分析也需要极快的速度，如视频数据，需要及时地处理与分析。

4. 数据价值密度低（value）

公共安全大数据产生的大量数据是无价值的，有价值的数据往往需要及时地处理与分析。

公共安全大数据除了具有上述一般大数据的"4V"特征之外，还包含以下四个方面（简称公共安全大数据的"4P"特征）：

1. 强政策性（policy）

公共安全大数据的采集、处理、分析等过程，高度依赖国家相应的法规政策。在法规政策范围允许内的数据，才可以被采集。

2. 强私密性（privacy）

区别于一般数据，公共安全数据很大一部分是与对象相关的隐私数据，如地理位置信息、通联记录等。因此，公共安全大数据具有强私密性，通过统计方法或其他数据挖掘技术来提取隐藏的信息和相关性。而提取出的价值与相关性要平衡于与公共利益、群体利益无关而且个人或团体不愿意被外界所知的信息。

3. 高精准性（precision）

公共安全大数据的挖掘分析结果需要极高的精准性，公共安全事关人民群众的最高利益，因此必须做到最精准的处理。

4. 高时效性（promptness）

公共安全的趋势主要为事中快速响应，事后准确溯源，事前精准预防预警，因此公共安全大数据的分析、挖掘要求极高的时效性。

三、大数据对公共安全治理的作用

（一）大数据为公共安全治理资源整合提供强大的平台支撑

大数据时代，数据流引领技术流、物质流、资金流和人才流，将深刻影响社会分工协作的组织模式，促进社会生产组织方式的集约和创新。基于大数据技术下的公共安全治理，应该遵循大数据技术的指导、按大数据流向建构有关治理的组织和机构，配置相应的资源力量。我们可以运用大数据、云计算等技术，颠覆传统信息系统平台逐级建设、逐级更新的常规多层架构建设模式，建设全省（市）统一的云计算平台，为大数据应用创造高效快捷的条件。

（二）大数据为公共安全流程治理提供强大的数据信息支撑

大数据技术是打破部门壁垒，全面推进数据资源的大整合和高共享。政府机关可以运用大数据、人工智能等信息新技术，建设全省（市）统一的大数据中心，整合各种数据资源。各类数据可以在这里融合汇聚、去伪存真、待命出发、按需流动。就公共安全治理来说，大数据中心可以快速地、全方位地搜集、传输、处理、识别涉及该领域的相关数据。大数据中心可以利用及时、完善的数据信息，支撑起包括源头治理、动态管理和应急处置等主要环节的公共安全流程治理。

（三）大数据为公共安全要素管控提供强大的应用工具支撑

公共安全治理的重要环节和基础性工作之一，是风险的评估及预测，这也是难点之一。特别是在传统技术手段下，预测几乎是不可实现的难题之一。实际上，公共安全事件表面看具有偶然性，却是安全风险发展的必然结果，这样的预测在传统技术下难以实现。大数据技术"有行动就有数据"的特点，让我们能够盘活、用好大数据资产，我们可以运用以数据处理方式根本性变革为代表的大数据技术，建立以数据分析建模为主、以人工智能为发展方向的研判模式，从大量实时、碎片化的数据中，挖掘出事件的原因、规律、趋势、后果，并且经过科学的分析和提炼，最终形成对公共安全治理决策有价值的信息。

四、基于大数据技术的公共安全治理的创新思考

（一）深化公共安全治理大数据应用，应转变社会治理理念

1. 要由主观判断转向科学分析。传统技术是人决定的，是个人的主观判断。大数据视域下的公共安全治理是数据决定的。要结合科学的分析，对庞大的数据群进行分类、甄别、加工，为精准治理确定方向。

2. 要由被动治理转向主动预测。传统的公共安全治理是被动的治理，是出事之后的补救。大数据技术下的公共安全治理，要通过合理的预测，为公共安全治理工作提供科学化参考，虽然不是所有的预测都具有可行性，但需要在预测信息中结合当地实际情况辩证、系统地做出分析与判断，才释放大数据预测的真正潜能。

3. 要由精细化管理转向精准化治理。把精细化、专业化、科学化贯穿于公共安全治理的全流程，应进一步精细评估治理指标，采用科学化的数据分析手段引导资源配置，提高治理工作效率。

（二）深化公共安全治理大数据应用，应推动治理技术创新

1. 要实现治理技术突破。实现大数据等新技术融合应用，应鼓励基层技术创新，着力攻克诸如可视化分析、数据挖掘算法、预测性分析、语义引擎等大数据技术的核心问题。

2. 要推动数据自动采集。随着移动互联网、云计算、物联网、人工智能等信息技术发展，应加快大数据多维智能感知体系建设，从源头上构建立体化、全方位、多手段、自动化的数据采集网，全息自动感知"人、车、物、网"等实时信息动态。

3. 要拓展治理发展方向。随着大数据技术的不断发展完善，要发挥它们在长期追踪、关联分析、趋势预判和对策制定方面的作用，全面提升风险态势感知、预测预警、动态管控等方面的能力。

（三）深化公共安全治理大数据应用，应注重保障机制建设

1. 要注重营造大数据的应用环境。从政策环境、技术环境、标准规范、管理体制环

境、人才环境等方面深化大数据应用的环境，既要促进大数据技术的提升和应用拓展，更要提高公共安全治理数据共享和开发的利用水平。

2. 要构建决策大数据思维。在全局性方面，改变固有数据思维定势，不再执着于数据的确定性与精确性；在相关性方面，关注相关数据，运用相关数据，分析相关数据；在开放性方面，强调突破国界的全球化应用应对。

3. 要完善大数据应用机制。对于涉及公共安全治理的大数据应用，既是具体的数据处理手段，更是一套挖掘数据、分析数据、运用数据的大数据应用机制。这个机制可分为事前预警机制、事中控制机制、事后评估机制三部分。

参考文献

［1］陈莉，张纪平，孟山. 现代经济管理与商业模式［M］. 哈尔滨：哈尔滨出版社，2020.

［2］崔奇明. 大数据概论［M］. 沈阳：东北大学出版社，2016.

［3］崔志明. 计算机软件应用技术［M］. 苏州：苏州大学出版社，1999.

［4］窦万春. 大数据关键技术与应用创新［M］. 南京：南京师范大学出版社，2020.

［5］鄂海红，宋美娜，欧中洪. 大数据技术基础［M］. 北京：北京邮电大学出版社，2019.

［6］甘岚，刘美香，陈自刚. 计算机组成原理与系统结构［M］. 北京：北京邮电大学出版社，2008.

［7］韩玉民，车战斌. 计算机技术概论［M］. 郑州：河南科学技术出版社，2008.

［8］黄传英. 城市公共安全治理与地方实证研究［M］. 南宁：广西人民出版社，2019.

［9］黄如花. 信息检索［M］. 武汉：武汉大学出版社，2018.

［10］黄寿孟，尤新华，黄家琴. 大数据应用基础［M］. 西安：西北工业大学出版社，2021.

［11］金宏莉，曾经. 大数据时代企业财务管理路径探究［M］. 北京：中国书籍出版社，2021.

［12］金平国，徐迪新. 计算机应用基础［M］. 南昌：江西高校出版社，2017.

［13］李大友. 计算机系统组成及工作原理［M］. 北京：机械工业出版社，2001.

［14］李捷. 大数据技术在铁路货运物流企业的应用分析［J］. 今日财富，2016（12）：40.

［15］李俊，周凡. 大学计算机信息技术［M］. 镇江：江苏大学出版社，2018.

［16］李晓华，张旭晖，任昌鸿. 计算机信息技术应用实践［M］. 延吉：延边大学出版社，2019.

［17］刘光金，韩高，吴蓓. 计算机技术与物联网［M］. 北京：光明日报出版社，2017.

[18] 刘淼. 关于大数据在铁路物流中的应用研究 [J]. 通讯世界. 2017,（08）：39-41.

[19] 刘音, 王志海. 计算机应用基础 [M]. 北京：北京邮电大学出版社, 2020.

[20] 刘智珺, 张琰, 王勇. 计算机组成原理 [M]. 武汉：华中科技大学出版社, 2019.

[21] 龙萍, 刘作鹏. 计算机网络基础与 Internet 应用 [M]. 武汉：华中科技大学出版社, 2006.

[22] 娄岩. 大数据应用基础 [M]. 北京：中国铁道出版社, 2018.

[23] 潘银松, 颜烨, 高瑜. 计算机导论 [M]. 重庆：重庆大学出版社, 2020.

[24] 亓传伟, 薛新慈. 计算机网络与 Internet 应用 [M]. 北京：国防工业出版社, 2010.

[25] 邱栋. 商业模式革新 [M]. 北京：企业管理出版社, 2018.

[26] 邱新平. 基于大数据应用的网络直播商业模式创新研究 [J]. 经济与管理科学, 决策咨询. 2022,（02）：90-96

[27] 曲思源. 铁路运营组织与管理系统分析 [M]. 北京：北京交通大学出版社, 2019.

[28] 全国职业学校信息技术教材编写委员会. 计算机应用技术基础教程：操作系统/病毒防治/网络应用 [M]. 北京：北京希望电子出版社, 2003.

[29] 任友理. 大数据技术与应用 [M]. 西安：西北工业大学出版社, 2019.

[30] 沈鑫剡, 俞海英, 伍红兵. 网络安全 [M]. 北京：清华大学出版社, 2017.

[31] 盛宇. 计算机信息检索 [M]. 3 版. 中国铁道出版社有限公司, 2020.

[32] 孙超. 计算机前沿理论研究与技术应用探索 [M]. 天津：天津科学技术出版社, 2020

[33] 邰峻, 张利平. 信息素养与计算机信息检索 [M]. 北京：北京航空航天大学出版社, 2011.

[34] 太原铁路局. 铁路物流概论 [M]. 北京：中国铁道出版社, 2016.

[35] 万晓冬, 陈则王, 孔德明. 计算机硬件技术基础 [M]. 北京：国防工业出版社, 2017.

[36] 王登友. 基于神经网络的入侵检测研究 [D]. 厦门：厦门大学, 2018.

[37] 王小沐, 高玲. 大数据时代我国企业的财务管理发展与变革 [M]. 长春：东北师范大学出版社, 2017.

[38] 王晓英, 曹腾飞, 孟永伟. 计算机系统平台 [M]. 北京：中国铁道出版社, 2016.

[39] 谢希仁. 计算机网络 [M]. 7 版. 北京：电子工业出版社, 2016.

[40] 徐教珅. 大数据时代创新市场营销策略思考 [J]. 黑龙江科学, 2019, 10（21）：118-119.

［41］杨涵，王淑梅. 大数据背景下企业营销管理创新探析［J］. 中国集体经济. 2020
（12）：71-72.

［42］姚树春，周连生，张强. 大数据技术与应用［M］. 成都：西南交通大学出版社，
2018.

［43］余萍. 互联网+时代计算机应用技术与信息化创新研究［M］. 天津科学技术出版社
有限公司，2021.

［44］张彬，姜燕，刘伟. 计算机硬件技术及应用［M］. 哈尔滨：哈尔滨地图出版社，
2009.

［45］张博. 计算机网络技术与应用［M］. 2 版. 北京：清华大学出版社，2015.

［46］张鹏涛，周瑜，李姗姗. 大数据技术应用研究［M］. 成都：电子科技大学出版社，
2020.

［47］张文祥，张强华. 计算机应用基础［M］. 北京：中国铁道出版社，2018.

［48］张震，李占波，吴保荣. 计算机网络与 INTERNET 应用［M］. 武汉：华中科技大学
出版社，2007.

［49］赵玲，陈家华，王凯民. 公共安全问题与公共安全感：基于上海市民公共安全感调
查的研究［M］. 上海：上海三联书店，2015.

［50］周晓乐. 应用大数据技术创新市场营销管理方式［J］. 今日财富，2021，（23）：62-
65.

［51］朱晓晶. 大数据应用研究［M］. 成都：四川大学出版社，2021.

［52］朱扬清，罗平，霍颖瑜. 计算机技术及创新案例［M］. 北京：中国铁道出版社，
2015.

［53］庄伟明，陈章进. 计算机技术导论［M］. 上海：上海大学出版社，2012.

［54］邹忠民. 实用计算机信息检索［M］. 苏州：苏州大学出版社，2000.